Gert G. von Harling

JAGD-GESCHICHTEN

zwischen Tag und Traum

Müller Rüschlikon

Einbandgestaltung: R2 I Ravenstein, Verden

Titelfoto: Marco Schütte
Rückseitenfoto: Hans-Martin Lösch

Bildnachweis:
Alle Fotos stammen von Burkhard Winsmann-Steins.

Eine frühere Ausgabe dieses Buches ist unter
der ISBN 978-3-275-02128-4 erschienen.

ISBN 978-3-275-02280-9

Postfach 103743, 70032 Stuttgart
Ein Unternehmen der Paul Pietsch Verlage GmbH & Co. KG

1. Auflage 2023

Sie finden uns im Internet unter www.mueller-rueschlikon-verlag.de

Lektorat: Claudia König
Innengestaltung: Kornelia Erlewein
Druck und Bindung: Graspo CZ, 76302 Zlin
Printed in Czech Republic

Gewidmet meinem Freund Dr. Steffen Koch

Ich danke meinem langjährigen Weggefährten
und Jagdfreund **Burkhard Winsmann-Steins**
für das einzigartige Bildmaterial.

Die Blume im Knopfloch ist das Einzige, was den Menschen noch mit der Natur verbindet.

Oscar Wilde

Natur kennt keine Langeweile

»Langeweile?

Ist eine Erfindung der Städter, gibt es auf der Jagd nicht!«

Mein Bruder betont es seit Jahrzehnten, und ich stimme ihm zu. Nie zuvor hatte ich den Satz aus meinem Gedächtnis kramen müssen, um mich zu trösten, im weiten Mecklenburger Land kam er mir nach stundenlangem Ansitz wieder in den Sinn. Da ich Zeit hatte, dachte ich nach. Natürlich über die Jagd sowie diesen Satz und kam zu dem Schluss: gerade stilles Warten und geduldiges Ausharren gehören zur Jagd wie das Beutemachen. Diese Stunden – scheinbar verlorene Zeit – sind es, die den Jäger formen. Ausdauer, abwarten können, Überlegenheit, die aus der Ruhe kommt, bringt schließlich den Erfolg, der ein Ergebnis der Ruhe ist. Langeweile gibt es nicht, wohl aber Zeit zum Nachdenken.

Vor einer Woche war ich von einer Jagdreise zurückgekehrt und denke mit Wehmut an die unwirtlichen Nächte in einem Iglu an der Hudson Bay, wo wir nach einer Gänsejagd wegen des Schneesturmes festgehalten wurden, weil uns das kleine Flugzeug nicht wie geplant abholen konnte. Drei Tage verbrachten mein Freund und ich mit Eingeborenen auf engstem Raum, erzählten Geschichten und verkürzten uns mit Anekdoten die Zeit. Wie jagt Ihr in Deutschland?«, hatte mich der Chef der Eskimos gefragt, und ich berichtete von Abschussplänen, die vorschreiben, wie viel Wild geschossen werden darf, wie stark es zu sein hat, erzählte von unseren kleinen Revieren, von geschlossenen Kanzeln und Wildäckern, bis er mich unterbrach: »O.K., das ist Wildmanagement, aber was macht Ihr, wenn Ihr zur Jagd geht?« Diese Frage hat mich sehr beschäftigt, und nun, von der Natur ausgesperrt auf einer Kanzel, denke ich an den Ausspruch des Naturburschen.

Ein Freund hatte mich und meinen Terrier »Chico« in die Nähe des Wildackers gefahren. Ich war die letzten 100 Meter auf dem geharkten Pirschpfad zu der geschlossenen Kanzel gegangen, hatte sie, den Hund unter dem Arm, erklommen und fühle mich nun hier oben auf der bequemen Holzbank von der Natur ausgesperrt. Daran ändern auch die offenen Fensterluken nichts.

»Kurz vor Einbruch der Dämmerung tritt aus der linken Ecke der Dickung totsicher ein älterer Bock, schwach verreckter Sechser, stark im Wildbret, graues Haupt – den kannst Du schießen«, hatte der Freund beim Abschied gesagt, und »ich hole Dich nach Schwinden des Büchsenlichtes wieder ab.« Dann rollte der Wagen davon. Endlich war ich dem quirligen Stadtleben entronnen und mit meinem Hund allein.

Mir steht nicht der Sinn danach, einen »totsicher« bestätigten Bock zu schießen, doch um den Freund nicht zu enttäuschen, hatte ich ihm hiervon nichts gesagt. Was mich erwartet ist passives Warten, kein Überlisten, wenig Einsatz, ohne ein bleibendes Erlebnis zu hinterlassen. Ähnliches kenne ich aus anderen Ländern. Safaris, quasi von der Stange oder nach Maß gemacht, glänzend durchorganisiert. Die mitunter mühelose Erbeutung einer guten Trophäe wird garantiert, um nach Rückkehr den Daheimgebliebenen damit zu imponieren.

Ein Stück (Groß)wild zu strecken ist dann nur eine simple Sache des Geldbeutels und der Technik, doch die stärkste Trophäe an der Wand ist wertlos, wenn sie lediglich zur Schau gestellt wird und nicht mit Passion »erarbeitet« wurde.

Josẽ Ortega y Gasset schreibt, dass, wenn der Mensch seine technische Überlegenheit dem Tier gegenüber ausspielt, die Jagd zu Ende ist. Das fing bereits mit Hochsitz und Zielfernrohr an.

So gehen meine Gedanken zurück zu fremden Kontinenten, wo die Jagd noch ihren ursprünglichen Charakter bewahrt, aber eine andere Berechtigung bekommen hat. Im fernen Afrika, wo ich noch vor zwei Wochen dem Großwild nachstellte, wäre es ohne organisierte Jagd und passionierte Jäger, die auch bereit sind, Strapazen auf sich zu nehmen, um Elefant und Nashorn schlecht bestellt. Ihr überwiegender Teil wäre längst abgeschlachtet worden, ohne Einnahmen durch Abschussquoten und Trophäengebühren für ihren Schutz, wären hilflos der Wilderei ausgesetzt, lange in den Pulversammlungen reicher Asiaten gelandet.

Über mir jagt lautstark ein Schwarm Mauersegler hinweg. Wegen des kleinen Gesichtsfeldes, das die vier Luken der Kanzel gewähren, kann ich die lärmenden Jäger nur kurz sehen und nicht länger beobachten.
Am Waldrand erscheint eng umschlungen ein Liebespärchen. Als es mich bemerkt, zieht es sich verschämt den gekommenen Pfad (der Tugend?) zurück. Aus der Ferne klingt Hupen und Reifenquietschen auf der Landstraße, Tuckern eines Treckers vom Feld her und Lachen vergnügter Menschen aus dem Dorf. Dazwischen brummt ein Flugzeug im klaren Abendhimmel.

Abzubaumen, um einen Pirschgang zu machen, traue ich mich nicht, da es mit dem Jagdherrn nicht abgesprochen wurde. Also bleibe ich in meinem »Käfig«, akustisch mitten in der Zivilisation, optisch weit von der Natur entfernt.

»Langeweile gibt es auf der Jagd nicht«! Nach einer Stunde untätigen Sitzens beginne ich, an dem Ausspruch meines Bruders zu zweifeln. Trotzdem harre ich aus. Mückenschwärme schweben vor der Hochsitzluke verspielt auf und ab, scheinen die einzigen Lebewesen in meiner Nähe zu sein.

Fasziniert betrachte ich mir das Treiben, und meine trüben Gedanken sind wie weggewischt. In Tanzgruppen heben sich die kleinen Flugwunder in die Höhe, als drehten sie sich um eine Spindel. Dann kommen alle wieder gleichzeitig herab, Hals über Kopf, zitternd, ohne aneinander zu stoßen. Ein herrliches Spiel. Ich werde nicht müde, ihnen zuzusehen. Es ist unglaublich, dass Tausende solcher Winzlinge so einen tollen Lufttanz aufführen können, immer in der gleichen, schmalen Säule, ohne einander zu berühren. Die kleinen Wesen schlagen Purzelbäume, eins aufwärts, eins abwärts, eins hüpft geradezu im Fliegen, ein anderes kreist wie im Tanz, und keins scheint das andere dabei zu stören.

Der Hund neben mir auf der Sitzbank ist von dem Schauspiel wenig beeindruckt. Plötzlich windet er aufgeregt nach rechts, und ich bin sicher, dort ist Wild im Anmarsch. Gespannt beobachte ich die Reaktionen meines vierläufigen Begleiters. Dabei bemerke ich eine prall mit Blut gefüllte Zecke hinter seinem linken Behang. Mit Zeigefinger und Daumen befreie ich den Terrier von dem Quälgeist und werfe ihn aus dem Fenster. Der Unhold verfängt sich wenige Meter von uns in einem dichten Spinnennetz, wo er einige Male auf und ab federt und dann ruhig hängen bleibt. Nicht lange. Eine Blaumeise, die im Gezweig der Erle herumturnt, schwirrt heran, dreht den Kopf schief nach links und rechts, äugt zu mir, dann zu dem Holzbock, piepst, ergreift den Plagegeist meines Hundes und fliegt davon.

Wie hingezaubert sitzt wenig später ein Hase auf dem Wildacker. Die Zeiten der groß angelegten Treibjagden auf Hasen sind in diesen Breiten längst Legende, Mümmelmänner eine Rarität. Ich hole mir den Dreiläufer durch das achtfache Fernglas ganz nah heran.

Deutlich erkenne ich seine großen, braunen Lichter und einzelne lange Barthaare. Ein alter Rammler, vermute ich, jedenfalls spricht der dicke Kopf dafür. Unruhe reißt den Krummen fortwährend aus seinem Gemümmel und lässt ihn zu einem unbeweglichen Kegel erstarren. Sein Verhalten passt so gar nicht zu der friedlichen Stimmung dieses schwülen Abends. Dann beginnt Lampe mit seiner Abendtoilette. Als erstes gleitet er mit dem Lecker von oben bis unten und umgekehrt wieder und wieder die Vorderläufe entlang. Dann streicht er mit seinen Hinterläufen von rückwärts über seine Löffel, bis ihm wohl auch diese endlich trocken genug erscheinen. Nun leckt er die Sohlen der Hinterläufe peinlich genau ab. Die gesamte Maniküre hat schon mehr als zwei Minuten in Anspruch genommen.

Durch die vielen Vogelstimmen um mich herum klingt der Ruf eines Ringeltaubers und scheint signalisieren zu wollen, dass kein Feind in der Nähe steckt.
Der Hase beginnt derweil ausgiebig seine Barthaare zu putzen, spielt, während er erneut einen Kegel macht, mit den Löffeln, schüttelt sich, hoppelt einige Sprünge weiter, legt die Löffel zurück und verharrt unbeweglich. Er scheint immer älter zu werden und ich

immer jünger, je länger ich ihn betrachte. Ein zwölf Jahre alter Pennäler bin ich plötzlich und darf meinen ersten Hasen schießen. Nachdem einer meiner Vettern kurz vorher seinen ersten Krummen erlegt hatte und ihm aus kurzer Entfernung mit Schrot Nummer 7 einen Fangschuss gab, da Lampe »sich noch bewegte«, bekam ich das alte Kleinkalibergewehr unseres Wildmeisters, statt der bewunderten Bockbüchsflinte, um eine Wiederholung solchen Malheurs zu vermeiden.

Ich hatte damals den Hasen lange vor der Zeit selbst ausgemacht. Am besagten Abend saß ich voller Herzklopfen schon nachmittags allein auf einer Leiter am Feldrand und erwartete, das Gewehr in meinen schweißnassen Händen im Voranschlag, ungeduldig das vertraute Geräusch hinter mir im trockenen Falllaub der alten Buchen. Doch das Jagdfieber machte mir einen zittrigen Strich durch die Rechnung. Ich war so aufgeregt, dass ich dem heiß ersehnten Mümmelmann, als er endlich wie an den Vorabenden auf dem gewohnten Pass angehoppelt kam, das kleine Geschoss durch seine Löffel sandte, was uns beiden bestimmt einen gleich großen Schrecken einjagte.

Für die nächsten Tage war mein jagdliches Selbstvertrauen erschüttert. Glücklicherweise konnte ich den nun »markierten« Dreiläufer in der folgenden Woche vom gleichen Sitz aus strecken. Mein Stolz kannte kaum Grenzen. Schnell ging es nach Hause, wo auf dem Rasen vor dem Herrenhaus Strecke gelegt wurde. Mein Bruder blies voller Inbrunst »Hase tot« und anschließend tranken wir meine Beute mit Selterswasser zünftig tot.

Und an eine andere Begegnung denke ich:
Als ich Mitte Mai morgens vom Ansitz nach Hause fuhr und mich einer Brücke über den Elbe-Seitenkanal näherte, kam mir auf der anderen Seite der Überquerung ein Hase entgegen. Ich ließ den Wagen ausrollen, blieb auf der Brücke stehen, und der Dreiläufer machte einen Kegel. Wohl eine Minute lang saßen, beziehungsweise standen, wir uns reglos gegenüber, dann machte der Krumme einen großen Satz, hoppelte die Böschung hinunter, rannte durch den Kanal, stieg am Ufer, wo ich wartete, aus, schüttelte sich ausgiebig, dass die Wassertropfen stoben, hoppelte hinter dem Auto wieder auf die befestigte Straße und wurde im Rückspiegel immer kleiner, bis auch ich meinen Weg fortsetzte.
Meine Träumereien werden unterbrochen, als aus der Deckung ein Reh zieht. Der Blick durchs Glas bestätigt ein Schmalreh. Ein Bild voller Frieden, Harmonie und Grazie.

In vollendeter Anmut und Eleganz, hier und dort äsend, zwischendurch verhoffend, bewegt es sich vertraut am Waldrand entlang, bis es wieder im dichten Bewuchs verschwindet.
Am Rand steht ein riesiger, knorriger Holunder. Der Holunderbusch war der Lieblingsbaum der germanischen Göttin Holla, durch das Grimm-Märchen als Frau Holle bekannt. Die Liebe der Göttin zum Holderbusch verwundert allerdings, denn eine besondere Schönheit ist er nicht. Seine Äste wirken morsch, sind krumm und mit einer unschönen Rinde bedeckt. Im Winter gleicht er einer zusammengefallenen, greisenhaften Figur. Leuchten seine weißen Blüten aus dem satten Grün der Blätter heraus, besitzt er allerdings eine stille Schönheit, und da ist die Wohnung des beschützenden Hausgeistes Holla sehr wohl in ihm zu vermuten.

Bei den Germanen genoss Frau Holla als Hausgöttin hohes Ansehen. Opfer zu ihren Ehren wurden stets unter Holunderbüschen dargebracht. Deshalb stehen sie noch heute vornehmlich an Waldrändern, alten verfallenen Wohnstätten oder nahe menschlicher Behausungen. Holla, Holda oder Hohe war eine Göttin, die den Menschen und Pflanzen Schutz gab, sie von Krankheiten heilen konnte und als eine weise Frau galt. Die Menschen verehrten in ihr die Güte von Mutter Erde und das strahlende Himmelslicht.
Der Name hat den gleichen Ursprung wie die Worte »hold« oder »Huld«. In manchen Gegenden wurde sie auch Perchtha genannt, die ursprüngliche Form des Namens Bertha. Der Name bedeutet »die Strahlende«.

Holar, Baum der Holler, tauften ihn unsere Vorfahren. Viele Märchen und Sagen ranken sich um den seltsamen Strauch, der in der Heilkunde seit uralten Zeiten einen hervorragenden Platz einnimmt, und aus dessen Zweigen wir als Jungen Blasrohre und Flöten machten.

Etwas Trautes, Heimeliges, ein Hauch Geborgenheit geht von seinem grünen, mit weißen Lichtern winkenden Blätterdach aus.

Langsam senkt sich die Sonne dem Horizont entgegen. Der Tag verabschiedet sich, der Himmel erscheint in wunderschönen Farben und taucht die Kiefern am Waldrand in purpurnes Licht.

Seit Galileo Galilei weiß man, dass sich nicht die Sonne um die Erde, sondern umgekehrt, der Trabant um die Sonne dreht. Aber Sonnenuntergang oder Sonnenaufgang klingt natürlich viel schöner, viel romantischer, als die Erde hat sich wieder gedreht.

In der Dämmerung tasten sich Strahlen von Autoscheinwerfern näher. Es ist der Jagdkumpel, der zügig meine Ansitzwarte ansteuert. Erschreckt sehe ich auf die Uhr. Die Zeit ist wie im Fluge vergangen. Vier Stunden bin ich mit meinem Hund und mit meinen Gedanken allein gewesen und habe keinen Schuss abgegeben. Zufrieden baume ich ab. Der »totsichere« Bock scheint doch nicht so totsicher zu sein. Ich bin nicht traurig darüber. Mir kommt ein Ausspruch von Hermann Hesse in den Sinn: »Langeweile ist etwas, was die Natur nicht kennt, sie ist eine Erfindung der Städter.«

Von alten Böcken auf weiten Feldern: Erfolgreich heißt geduldig sein

 Beharrlichkeit führt schließlich auch zum Ziel …

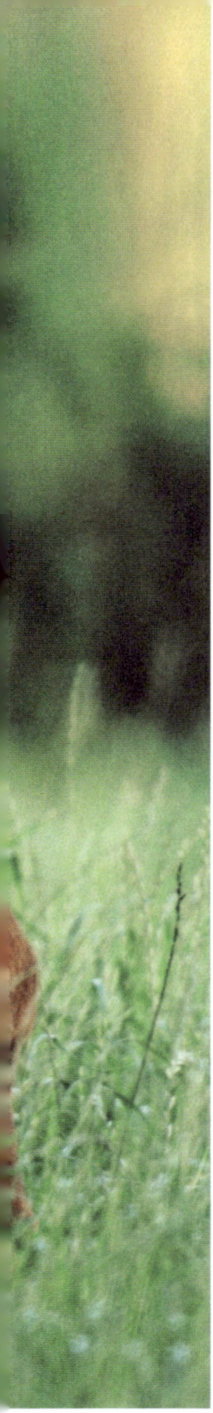

Beharrlichkeit führt schließlich auch zum Ziel ...

»Was der Augenblick verdorben,
Dir entkam durch Deine Schuld,
wird vielleicht Dir noch erworben,
nur durch Ruhe und Geduld.«

Ist die Frucht auf den mitunter mehrere hundert Hektar großen Äckern in Mecklenburg herangewachsen, ist es mit der Kunst des Waidwerks auf einen alten Bock vorüber. Es bleibt lediglich der Ansitz als erfolgversprechende Jagdart, doch auch der kann inspirierend und aufregend sein.

Mitte August. Die Rehbrunft ist längst vorüber. Trotzdem folge ich zuversichtlich der Einladung meines Freundes in dessen großes Revier in Mecklenburg. Gäste hatten in der Hauptbrunft nur leidlich Erfolg, und die drei Jagdfreunde, die kurz vor mir abgereist waren, fuhren als Schneider nach Hause, hatten kaum Wild gesehen.
Man hatte mich vorgewarnt, und bei der ersten Fahrt durchs Revier werden meine Erwartungen gedämpft. Der Weizen steht prächtig, der Mais hoch und dicht, der Raps bietet dem Wild ebenfalls noch sichere Einstände. Er sollte zwar in wenigen Tagen gemäht werden, aber bis dahin müsste ich zwei, drei Böcke geschossen haben und längst wieder zu Hause am Schreibtisch sitzen.
Spät nachmittags pirsche ich an einem Ackerrandstreifen entlang, beobachte Ricken und Kitze, im Wald springen zwei junge Böcke aufs Blatt, dann wird es nach dem heißen Tag kühl. Dunst zieht über die Felder, und ich schlafe mit meiner Hündin im »Tausend Sterne Hotel« unter einer hohen Eiche, um früh wieder zur Stelle zu sein und vielleicht einer Sau den Wechsel aus dem Mais in den Wald abzuschneiden. Ohne Erfolg.

Auch meine Blattarien am Vormittag bringen nicht, was ich mir gewünscht habe.
Gegen Mittag endlich sehe ich mein nutzloses Unterfangen ein, begreife, dass die Rehbrunft vorüber ist, alte Böcke wieder heimlich geworden sind und sich von den kräftezehrenden Aktivitäten der Vorwochen ausruhen.
Enttäuscht fahre ich Richtung Gutshaus. Rechts und links des Feldweges, vor und hinter mir steht Raps soweit das Auge reicht.

Ein Bussard kreist kurz über der grünen Monokultur und segelt davon. Auch für ihn ist diese landwirtschaftliche Einheitswüste keine lohnende Nahrungsquelle mehr.

Über manchen Stellen in der unendlich trostlos erscheinenden Fläche schwimmt ein heller, silberner Schimmer. Disteln haben sich dort zum Leidwesen der Bauern ausgesamt.

»Gelb sind schon die Felder und der Herbst beginnt«, heißt es in einem alten Volkslied. Als es geschrieben und komponiert wurde, gab es in Deutschland wahrscheinlich noch gar keine Rapsfelder, zumindest nicht in diesem Ausmaß.
Meine Gedanken gehen zurück. Vor zwei Monaten ein leuchtender Ozean aus gelben Blüten, Abwechslung für jedes Auge und üppige Weide für die Bienen, nun eine fast

undurchdringliche, sperrige, zundertrockene Wüste aus braunen Halmen und Samenschoten, nur noch ein Abklatsch des einst so prächtigen Gewandes von Mutter Erde. In wenigen Wochen werden nur kahle Stoppelfelder davon zeugen, das Wild muss sich dann wieder andere Einstände suchen.

Das Wetter, das den Landwirten seit Wochen das Ernten erschwerte, ist für mich ein Glücksfall. Regen, Hagel, Wind und Sturm haben das Getreide niedergedrückt, auf großen Parzellen sind in der Ölfrucht Lagerstellen entstanden, und da erkenne ich in weiter Ferne zwei dunkle Punkte, die über das platt am Boden liegende Getreide preschen. Das achtfache Fernglas, auf die geöffnete Fensterscheibe gestützt, offenbart einen Bock mit stattlichem Gehörn, der von einem anderen Reh gejagt wird.
Der Spuk ist schnell wieder vom Wirrwarr der Pflanzenhalme aufgesaugt. Dann habe ich die beiden noch einmal im Glas, als die wilde Jagd zwischen den riesigen Schlägen über eine Wiesenschlenke geht, die wegen der Nässe aus dem Bewirtschaftungsplan ausgeklammert wurde.
Wie eine große Schlange windet sich ein einsamer Bach durch das Grünland zwischen den über hundert Hektar großen Schlägen, eine Idylle, noch unberührt von Egge, Grubber und Pflug.
Das romantische Stück Erde mag lästig für den Landwirt sein, störend für die großräumige Bewirtschaftung der Riesenflächen, aber es ist ein Hoffnungsschimmer für Jäger sowie die wenigen schwärmerischen Spaziergänger, die sich in diese Agrarsteppe verirren.
So viel erkannte ich noch, bevor die beiden Rehe im nächsten Rapsfeld verschwinden: Ungewöhnlich hohes Gehörn des Gejagten, und ganz offensichtlich war es kein Brunfttreiben. Das, was manche Jäger als »Treiben« bezeichnen, ist ein unsinniger Ausdruck, nicht der Bock treibt, vielmehr gehen die Aktivitäten von der Ricke aus, sie zieht den »Galan« hinter sich her – das zweite Reh war ebenfalls ein Bock, der einen Rivalen vertrieb.

Meine Hündin hat die Verfolgungsjagd von ihrem Platz auf dem Vordersitz auch wahrgenommen und blickt mich erwartungsvoll an. »Nach über 30 Stunden im Wald noch nichts beschickt«, lese ich aus ihren Augen. Und »Los hin!«
Ich lasse mich erweichen. Irgendwann werden die beiden Rehe gewiss wieder in ihren Einstand zurückwechseln, überlege ich.

In einem über drei Kilometer weiten Bogen durch die Feldmark erreiche ich den kleinen Wiesenstreifen und pirsche zu der Kanzel am Rand zwischen den Feldern, auf der ich schon in den letzten Jahren manches Mal in der Rehbrunft gesessen habe. Den Wind kann ich vernachlässigen, Wild kann aus allen Richtungen anwechseln.

Es ist mittlerweile 14 Uhr. Diva sitzt aufmerksam am Fuß der Leiter, ich leuchte mit dem Glas die Umgebung ab. Raps, Raps, Raps, ohne Unterbrechung.

Kraniche rufen. Ihnen war die Rapswildnis willkommen, gab den grauen Glücksbringern Schutz und Deckung zum Brüten. Nun bietet der Halmendschungel den großen Vögeln keinen Einstand mehr.

Einmal zucke ich zusammen. Auf einer Lagerstelle leuchtet ein roter Fleck auf, eine Ricke. So schnell wie sie erschien, ist sie wieder verschwunden, einfach weg, verschluckt von dem braun wuchernden Strohmeer.

Erwartungsvoll, immer wieder das Glas zu Hilfe nehmend, suche ich die eintönige Fläche um mich herum ab. Rapsfelder bis zum Horizont im Osten, Süden, Westen und Norden.

Einmal noch erscheint der Kopf einer Ricke, weit entfernt, mehrere hundert Meter, taucht aber nach wenigen Sekunden wieder unter.

Dann tut sich nichts mehr. Nichts Lebendiges, kein Laut. Die Stille brummt mir in den Ohren. Kein Reh weit und breit. Nur die Gedanken sorgen für Abwechslung. Mutlos leuchte ich mit dem Glas immer wieder die öden Flächen ab, versuche mit meinen Blicken tiefer in die überreife Frucht einzudringen, aber nicht den Schimmer einer roten Decke finde ich in der fast endlosen Weite und beginne daran zu zweifeln, dass die Böcke wieder zurück in ihren Einstand ziehen.
Ein kleiner Schmetterling flattert vorüber. In der Ferne rattern Mähdrescher.
Mittlerweile ist es 16 Uhr. Meine Augenlider werden schwer. Teilnahmslos kauere ich auf der unbequemen Hochsitzbank und überlege, ob ich aufgeben soll. Es ist mehr Resignation, Lethargie, doch ein Funken Hoffnung und Erwartung bleibt.
Was wäre Jagd ohne Beides?
Jagdgäste hatten hier in den letzten Jahren mehrmals einen »Methusalem« mehr geahnt als gesehen, jedenfalls geistert manche Geschichte über einen kapitalen, alten Bock herum, der hier seinen Einstand haben soll. Das lässt mich weiter ausharren und träumen.

Diva sitzt gespannt neben der Leiter. Die erfahrene Hündin weiß genau, wie sie sich zu verhalten hat. Das Sitzen auf dem harten Holzbrett wird beschwerlich – und langweilig. Umsetzen, vom linken auf den rechten Unterarm stützen, in die andere Ecke der Kanzel lehnen, Beine übereinanderschlagen, all das bringt kaum noch Erleichterung für Rücken und Beine, dabei kein Wildanblick. Meine Gedanken entfliehen zu längst vergangenen, spannenden Ansitzen, und ich beruhige mich mit dem Spruch eines schwedischen Jagdfreundes: »Warten ist die vornehmste Tätigkeit des Jägers.«

Über mir kreist eine Gabelweihe, Brandenburgs »Roter Adler«. Wahrscheinlich ist er jetzt über Mecklenburg bereits auf dem Flug in sein Winterquartier.
Meine Überlegungen werden abrupt unterbrochen. Auf der Wiese steht wie hingezaubert ein Reh. Wie und woher es kam ist schleierhaft. Ein Bock, ein Sechser. Hohe, dunkle Stangen, imposant. Aber das jugendliche Aussehen lässt mich zögern. Selten sah ich in diesem Revier so ein auffallend starkes Gehörn. Zweifel kommen auf. Soll ich schießen? Aber dann übernehmen Vernunft oder Abgeklärtheit die Oberhand.
Der Jüngling äugt nervös zurück, nimmt mir schließlich die Entscheidung ab und trollt zielstrebig über die Wiese in das gegenüberliegende Rapsfeld.

Träge tropfen die Minuten in das Meer der Ewigkeit. Eine weitere Stunde vergeht zähflüssig, bis ich in meinen Tagträumen erneut unterbrochen werde.
Zwei Krähen streichen vorüber. Normalerweise schenke ich ihnen keine sonderliche Beachtung, aber mangels anderer Beobachtungsmöglichkeiten betrachte ich mir die schwarzen Gesellen durch das Fernglas und stelle fest: Keine gewöhnlichen Aas- oder Rabenkrähen sind es, sondern die größten Singvögel der Welt, Kolkraben.
Und wieder ein Blick zur Uhr. Geschlagene drei Stunden hocke ich schon auf dem unbequemen Holzbrett. Schwerfällig klaftert ein Fischreiher vorbei, sonst tut sich nichts Außergewöhnliches um mich herum. Die Zeit scheint immer langsamer zu vergehen, wie ich beim nächsten Blick auf die Uhr feststelle.

Die sinkende Sonne steht schon im Westen, verzaubert sich, die Wolken, den ganzen Himmel und dann das ganze ausgedörrte Land. Die sich eben noch als eintönig vor mir ausbreitenden Felder, eine langweilige Öde, verwandelt sich für eine Viertelstunde in ein, in allen nur erdenklich erscheinenden Farbtönen flimmerndes Farbenmeer, präsentiert sich als abwechslungsreiches, prächtiges Juwel aus Licht und Schatten, Hell und Dunkel, glüht in Gold und Silber, Ocker und Orange, Gelb und Violett, Braun und Rot. Ein Fest für die Augen. Kaum ein menschlicher Künstler kann diesen Anblick mit Pinsel und Palette wiedergeben, nur der Malkasten Gottes großer Schöpfung.
Und zwischen all dem vielfarbigen Halmengewirr fällt plötzlich noch etwas ins Auge, eine blasse Kontur, die nicht in das Chaos der dunklen Rapspflanzen passt, sich nicht einfügen will in das braune Durcheinander des Getreidefeldes.
Unbekümmert, wenig behutsam, hebe ich das Glas vor die Augen, und mein Herzschlag macht eine Pause. Am Rand des Feldes, fast völlig von der teils schon überreifen Frucht verdeckt, steht ein Reh. Auffallend, ungewöhnlich fahl gefärbt ist es. Und dann offenbart sich ein weiteres Zeichen für das Alter des Stückes: Langsam wendet es den Kopf, äugt zur Kanzel, und ich blicke in ein fast schneeweißes, missmutiges, fast böse erscheinendes Rehbockgesicht. Bewegungslos starrt der Alte zu mir herauf.

Ist meine Geduld in den letzten vier Stunden bereits arg strapaziert worden, wird sie nun noch einmal auf eine harte Probe gestellt. Offenbar verbindet der Bock nämlich mit der Kanzel schlechte Erfahrungen in der Vergangenheit, misstrauisch äugt er zu mir her.
Ich wage kaum zu atmen.

Bewegungslos erwarte ich, dass er sich abwendet und hoffe, auch Diva rührt sich nicht. Als ich zu ihr hinunter schiele, ohne den Kopf zu drehen, erkenne ich, dass sie sich längst zusammengerollt hat und fest schläft.

Endlich, nach einer gefühlten Ewigkeit, wendet sich der Bock von mir fort. Spitz von hinten erkenne ich noch ein bizarres Gehörn, bevor er völlig verschwindet, verschluckt wird von der undurchsichtigen Flora, sich der braune Vorhang aus Raps wieder hinter ihm schließt und ich das Fernglas behutsam mit der Büchse vertausche.

Und dann heißt es wieder abwarten. Zweifel kommen auf, als der Träger endlich wieder zwischen dem dichten Bewuchs frei wird. Soll ich schießen? Sofort verwerfe ich den Gedanken. Gier oder der Wunsch nach einer begehrenswerten Beute rechtfertigen nicht, gegen elementarste Grundsätze der Waidgerechtigkeit zu verstoßen. Zu viele »todsichere« Teller- und Trägerschüsse mussten meine Hunde schon ausbügeln. Also weiter durch das Zielfernrohr stieren, warten, bangen. Ruhe und Beharrlichkeit können schließlich auch zum Ziel führen.

»Geduld ist die Mutter des Erfolges«, überlege ich. Was wäre das Leben ohne Hoffnung. An diesen Ausspruch von Friedrich Hölderlin, über den ich in der Oberstufe ein Referat halten musste, denke ich und daran, wie lange der Bauer sich schließlich gedulden muss, bis die Ernte endlich reif ist.

Endlos erscheinende drei Minuten lang zeigt die Mündung der Büchse auf die Stelle, wo der Alte verschwand, konzentriere ich mich ganz auf die nahe Umgebung, und dann wird er wieder sichtbar. Ungesehen von mir, war er dreißig Meter weiter fortgezogen, verhofft nun zwischen weißen Farbtupfern absterbender Kamillenstauden, und langsam betätige ich den Abzug.

Ich empfinde es als pietätlos, wenn erst ein prüfender Griff in das Gebiss über Freude oder Enttäuschung an der Erlegung eines Stückes Wild entscheidet. Der grässliche Schnitt, um den Äser des Bockes aufzuschärfen, erübrigt sich hier sowieso. Ein kurzer

Blick, flüchtiges Fühlen: Ob er acht, neun Jahre alt oder noch älter ist, spielt keine Rolle – mein Geschoss war dem großen Jäger nur eine kurze Zeitspanne zuvorgekommen.

Fast zehn Jahre lang hatte er seinen Einstand verteidigt, ihn immer nur kurz verlassen, sich meinen und den vielen Nachstellungen anderer Jäger erfolgreich entzogen. Nun wurde ihm meine lange Geduld zum Verhängnis.

Wiedersehen mit der Moritzkanzel

Der Sitz, von dem ich den alten Bock geschossen hatte, heißt Moritzkanzel. Und dort harre ich ein Jahr, eine Blattzeit später erneut, allerdings eine Woche früher als im Jahr zuvor. Unlängst muss hier ein Zigarettenraucher gesessen haben. Eine zusammengeknüllte Marlboro Schachtel, diskret hinter einen Holm der Kanzel gesteckt, sowie drei Kippen auf dem Fußboden zeugen von wenig Umweltfreundlichkeit des Besuchers oder der Besucherin.

Das Land ist kaum wiederzuerkennen. Wo sich in alle vier Himmelsrichtungen, bis zum Horizont, Rapsschläge ausbreiteten, steht nun goldgelber Weizen, bereit nach zwei, drei Sonnentagen geerntet zu werden. Es hatte geregnet. Deshalb konnten die Mähdrescher noch nicht ausrücken, und es wird gewiss noch mindestens eine Woche vergehen, bevor die Traktoren mit riesigen Pflügen im Schlepptau aus der toten Stoppelfläche das Bett für die nächste Saat neu bereiten.
Die Halme sind nicht einmal kniehoch. Nur wenn ein Reh mit erhobenem Haupt durch die reife Frucht zieht, kann ich es erkennen.

Immer wieder erscheint rund um mich herum, mehrere hundert Meter entfernt, ein dunkler Punkt über den Ähren, verschwindet aber, kaum dass ich das Glas vor den Augen habe. Der Punkt taucht einfach wieder unter, noch bevor ich das Stück ansprechen kann. Ich habe im wahrsten Sinne des Wortes das Nachsehen.
Meine Hoffnung ist die Wiesenschlenke. Die Fläche ist vor zwei, drei Wochen noch einmal gemäht worden. Das frische Gras steht bereits wieder fast wadenhoch und verspricht abwechslungsreiche Äsung.

Es ist keine Wiese mehr, wie ich sie aus meinen Jugendzeiten erinnere, kein farbenfrohes Dorado für honigliebende Insekten, kein abwechslungsreicher Kräutergarten für das Wild mit unterschiedlichsten Blüten, bunten Blumen und Gräsern, in dem Tiere schmackhafte Nahrung finden, kein paradiesisches Rückzugsgebiet, wie ich es aus längst vergangenen Tagen erinnere, sondern eintönige Monokultur.
Man muss schon ganz genau hinschauen, um die kleinen Farbkleckse in der Natur zu erkennen, das Weiß der ganz vereinzelten Lichtnelken, das Dunkelblau der wenigen Kornblumen, das Hellblau der Glockenblumen oder das Rot des Klatschmohns. Sie werden von Jahr zu Jahr spärlicher. Auch viele Holunderbüsche mussten der Landwirtschaft weichen. Noch sind ihre Beeren überwiegend grün, nur einige Dolden beginnen, sich schwarz zu färben. Die Vogelwelt muss sich noch gedulden. Trotzdem hoffe ich, dass diese »Wiese« die Rehe verlockt auszutreten, den trockenen, eintönigen Weizen zu verlassen und an dem frischen Grün zu naschen.
Es ist 15 Uhr. Mindestens drei Stunden habe ich wahrscheinlich noch Zeit, bis eventuell in der Nähe stehendes Wild Störungen und Unruhe, die Diva und ich durch unseren Anmarsch verursacht haben, vergessen hat und austreten wird.

Es bleibt genug Zeit, um ohne Stress in der reinigenden Ruhe der Natur Erinnerungen an die Blattzeit des letzten Jahres nachzuhängen, als ich hier den uralten Bock erlegen durfte, Zeit, meinen Gedanken freien Lauf zu lassen, einfach nur zu träumen.
Große Spritzmaschinen haben kilometerlange, schnurgerade Spuren in die Frucht gewalzt. Kreuz und quer verlaufen breite Wechsel und zeugen, zur geringen Freude des Landwirts, für einen überreichlichen Schwarzwildbestand.
Dunkle Wolke ziehen vor die Sonne, und eine wellenförmig über das Land jagende Windboe versetzt die glänzende Weizenfrucht kurzfristig in glitzernde Aufruhr, in eine wogende Fläche, die sich aber augenblicklich wieder beruhigt.
Eine Hummel brummt vorüber, und unter mir schaukeln drei Falter über das Gras, vorerst die einzigen sichtbaren Lebewesen. Es könnten Kohlweißlinge sein, die sich verirrt haben.

Am nördlichen Rand der Fläche verweilen meine suchenden Blicke immer wieder vor einer Insel aus blauvioletten Distelblüten, deren leuchtende Farben sich harmonisch in die unterschiedlichsten Grüntöne der umstehenden Schilfhalme, Gräser und Brennnesseln einfügen.
Als ich mir das wunderschöne Bild noch einmal durch das Fernglas betrachte, bemerke ich einen weiteren kontrastreichen Farbklecks. Zwei Stieglitze haben sich auf den Blüten niedergelassen und »unterhalten« sich. Nicht zu Unrecht heißen die lebhaften Vögel, die einzigen Singvögel in unseren Breiten, bei denen auch das Weibchen singt, auch Distelfinke.
Wegen seines bunten Federkleides sollte man den Distelfink anstelle des Bundesadlers zum deutschen Nationalvogel küren. Schwarz, rot, gold, die munteren Gesellen tragen alle Farben der deutschen Nationalflagge.

Der Wind beginnt zu küseln, kommt mal aus Südwest, dann aus Nordwest, aber da ich ja aus allen Richtungen mit Wild rechnen kann, beunruhigt es mich nicht. Ich bin froh, dass er Mücken und Fliegen vertreibt.
Eine Weihe segelt über die Felder dahin. Lange kann ich den charakteristischen Gleitflug des imposanten Greifs durchs Fernglas verfolgen, genau erkennen, wie sein Hakenschnabel zur Erde zeigt, der Vogel intensiv die riesigen Schläge nach Beute absucht, aber nicht fündig wird. Kein Jagdglück für die Weihe. Zwei Stunden mag ich gesessen haben,

da schnürt ein Fuchs aus dem Weizen auf die Wiese. Es ist offensichtlich keine abgekommene Fähe, die, durch den Hunger ihrer Welpen getrieben, am helllichten Spätnachmittag auf Beutezug ist, sondern ein starker Rüde. Sein Balg ist so bunt gezeichnet, wie ich es noch nie vorher gesehen habe. Der lange Aalstrich löst sich an den Flanken in leuchtendes Orange und am Hals in dunkles Gelb auf. Ein strahlend weißer Brustlatz, Lefzen und Luntenspitze strahlen weiß, die Ränder der Gehöre fast schwarz.
Elegant trabt der keineswegs rote, sondern braune Freibeuter – von einem Augenpaar auf und einem unter dem Hochsitz fasziniert verfolgt – am Wiesenrand entlang und verschwindet wieder im Getreidefeld.

Aber Diva und ich bleiben nicht lange alleine. Wenig später erscheint ein junger Bock und lässt durch sein Verhalten mein Hoffnungsbarometer steigen. Unstet wirft er immer wieder auf, sichert in die Runde. Es ist offensichtlich, dass er in der Angst des Herren, besser gesagt in der Angst vor dem Platzbock lebt, jederzeit bereit, sofort abzuspringen.
Da stehen 150 Meter entfernt plötzlich zwei Rehe am Feldrand, der Jüngling verschwindet in panischer Flucht in die entgegengesetzte Richtung und lässt meinen Pulsschlag steigen.
So schnell wie er sich beschleunigte, so schnell beruhigt er sich aber auch wieder. Ich brauche das Fernglas gar nicht zu Hilfe zu nehmen, mit bloßen Augen erkenne ich zwei Kitze.

Als die Mutter nicht folgt, lasse ich die Umgebung der beiden nicht mehr aus den Augen, gefasst darauf, dass jeden Moment Bock und Ricke erscheinen.
Fünf Minuten vergehen, vielleicht sind es auch zehn. Die Zeit auf die Uhr zu sehen, gönne ich mir nicht. Aber dann lässt die Spannung doch allmählich nach, und ich mustere auch wieder meine restliche Umgebung.
Und da steht er mitten auf der Wiese, mein junger Bekannter aus dem letzten Jahr.
In seiner strahlend roten Decke scheint er von Gesundheit und Kraft zu strotzen. Ich habe das Gefühl, seine hohen, dunklen Stangen sind noch stärker als im vergangenen Jahr und der Muffelfleck ist nicht mehr weiß, sondern verwaschen, eher grau. Starr äugt er zu mir her. Wind kann er nicht von uns bekommen haben, der weht von ihm aus direkt zur Kanzel.

Aus dem letzten Jahr hatte ich ihn als Jüngling in Erinnerung. Vielleicht ist er drei, allerhöchstens vier Jahre alt. Aber nun zweifele ich. Allem Anschein nach habe ich mich damals getäuscht.
Offensichtlich steht der Sechser nicht mit einer brunftigen Ricke zusammen, denn die werden jetzt, zu Anfang der Blattzeit, normalerweise von alten Platzböcken belegt, überlege ich. Sollte er demnach doch noch nicht reif sein? Ein Blick durch das achtfache Fernglas aber offenbart, dass ich mich im vergangenen Jahr verschätzt hatte, der Bock ist doch vier, eher fünf Jahre alt.
Wieder pardonieren oder schießen?
Kurz schaue ich zu Diva. Die Hündin scheint alles andere um sie herum vergessen zu haben. Gebannt, am ganzen Körper voller Erwartung und Passion bebend, blickt sie zu dem nur 50 Gänge entfernt verhoffenden Reh.
Noch einmal tauchen die Strahlen der untergehenden Sonne die Weizenfelder in ein leuchtendes Lichtermeer. Die goldene Fläche verschwimmt in einem warmen Ockerton. Dann werden die Schatten länger, tasten sich von den Waldrändern immer weiter nach Osten. Es wird kühl, Feuchtigkeit legt sich über das Land.

Behutsam greife ich wieder zur Büchse. Einen Augenblick zögere ich noch, einen Moment zu lange. Irgendetwas hat das Misstrauen des Starken geweckt. Erfahrung hat ihn wahrscheinlich gelehrt, Sicherheit höher zu schätzen als Lebensfreude. Auch das spricht eher für einen alten Bock. Er wendet sich und trollt zurück in den Weizen, springt keineswegs in wilder Flucht ab, in direkte Richtung von mir fort, wie ein unerfahrener, junger Bock, sondern sucht die nächste Verbindung in die Schutz gebende Deckung und ist verschwunden.

Die Dämmerung nähert sich mit Riesenschritten, und je schlechter das Licht wird, desto mehr konzentrieren sich die Sinne auf die vielen intensiven Gerüche. Fledermäuse flattern am dunkler werdenden Abendhimmel dahin, aber als die Dunkelheit mich die Leiter hinunterschickt, ist es noch hell genug, um den vorwurfsvollen an Verachtung grenzenden Blick meiner sonst verständnisvollen und toleranten Hündin zu erkennen. Ich ertrage ihn, halb amüsiert, halb enttäuscht über meine Unentschlossenheit, als ich langsam die Leiter der Moritzkanzel hinabsteige.

Ein flotter Feger

Man konnte tatsächlich den Eindruck gewinnen, eine Herde Rehböcke treibt am Schäferdamm ihr Unwesen, wie es die beiden Jogger meinem Bruder berichteten. Den Männern war bei ihren abendlichen Dauerläufen aufgefallen, was meinen Bruder schon seit März beschäftigte: Kaum ein Busch oder Bäumchen, kaum ein Strauch oder eine Staude waren von den Attacken eines Rehbockes ausgelassen geblieben.

Ältere Böcke haben nun mal die Angewohnheit, ihre Territorien zu markieren und gegen Rivalen zu verteidigen, aber natürlich war es keine »ganze Herde« zerstörungswütiger Rehböcke, die sich an der Flora dieser Abteilung ausgelassen hat. Mein Bruder hatte in dem nicht viel mehr als zehn Hektar großen Waldstreifen fast 50 Plätz- und Fegestellen gefunden. Von den Ebereschen, Holunderbüschen und Tollkirschen, die sich in Massen ausgesamt hatten, war kaum eine von den wütenden Attacken des Bockes ausgelassen. In langen Streifen und dünnen Fasern hängt die Rinde schlaff an den Stämmen hinunter, und sogar harzige Kiefern sind nicht verschont worden, anklagend leuchten die Wunden hell aus dem Stangenholz. Für uns stand fest: Hier, in der Abteilung 30, hatte ein ganz Besonderer der Gattung Capreolus seinen Einstand gewählt, und seine »Kapriolen« gemacht.

Ich hatte mich zu Anfang der Jagdzeit öfter am Rande des Jagens herumgetrieben, nie ein Reh zu Gesicht bekommen und den Revierteil wieder vernachlässigt. Dann fand aber ein Spaziergänger am Schäferdamm, der Weg, der am Jagen 30 entlangführt, einen jungen Sechser. »Da sitzt im Gras ein krankes Reh«, berichtete er aufgeregt. Mein Bruder fuhr sofort zum Ort des Geschehens und fing es ab. Der Drei- bis Vierjährige war aller Wahrscheinlichkeit nach von einem Rivalen fast zu Tode geforkelt worden, und fortan konzentrierten sich meine jagdlichen Aktivitäten wieder auf diesen Teil des Reviers, in dem offensichtlich ein ziemlicher Raufbold seinen Einstand hat.

Am 29. Juli sitze ich bei Westwind gut verborgen zum x-ten Male ohne große Hoffnung in einem Knick am Rand des besagten Feldgehölzes. Auf mein Blatten antwortet ein Mäusebussard, so ausdauernd, so penetrant, dass ich befürchte, mich im Ton vergriffen zu haben. »Miää, iä!«, klingt es aus den hohen Kiefern. Der Katzenadler oder auch Mäusefalke, wie seine altdeutsche Bezeichnung ist, macht dem Namen alle Ehre. Nach der vierten Blattarie beende ich schließlich meine Bemühungen und werfe das Handtuch, respektive das Buchenblatt.

Auch am nächsten Morgen pirsche ich nach dem Hell-Werden behutsam um das Feldgehölz herum. Immer wieder kann ich vom Rand aus weit in den Bestand einsehen, bis ich ihn halb umrundet habe und meine Pirsch wegen des Windes abbrechen muss. Trotz der viel versprechenden Fegestellen gebe ich danach frustriert endgültig auf, beschließe, dass es hier keinen Bock mehr gibt und will mich ab sofort nur noch den Feisthirschen widmen.

Den Abend am 31. Juli verbringe ich daher auf dem Dreieckssitz an der Falkenbahn in der »Horst«. Dort hatte ich seit drei Wochen Hirsche gefährtet, die Abteilung aber außer in der Mittagszeit zum Abfährten gemieden, um die heimlichen Nachtgespenster nicht zu vertreten.
Auf der offenen Kanzel habe ich schon viele hundert Male gesessen und glaube so ziemlich jeden Quadratzentimeter der Umgebung zu kennen. Trotzdem gibt es immer wieder Neues zu entdecken. Auf dem Boden finde ich, als ich mit dem Stiefel behutsam moderndes Laub beiseite schiebe, zwei oxidierte Patronenhülsen. Mein Bruder hatte im vergangenen Herbst von hier aus Rottier und Kalb geschossen.

In einer Fensterluke werden Reste eines einstmals riesigen Spinnennetzes hin und her geweht. Spinnen fressen pro Tag etwa 15 Prozent ihres eigenen Körpergewichtes. Ein Jahr ohne die langbeinigen Krabbeltiere würde dazu führen, dass der Erdball zehn Zentimeter hoch mit Insekten bedeckt sein würde, hatte ich kürzlich gelesen.

Als ich endlich auf dem schmalen Holzbrett sitze, entdecke ich in der rechten Ecke unter dem Dach einen typischen »Blätter-Moos-Ball«, das Nest eines Zaunkönigs. Ob es jemals als Brutquartier genutzt wurde, ist nicht zu erkennen, es ist ja längst verlassen, und vielleicht war es auch nur eines von seinen Nebenquartieren, die der nur höchstens zehn Gramm schwere Winzling angelegt hat.

Beobachten, hoffen, warten, dann meditieren und schließlich träumen, so vergeht der stimmungsvolle Abend auf dem Dreiecks-Sitz, bis sich kalter Dunst durch die Bestände schleicht, das Licht von Minute zu Minute schwächer wird und ich den Sitz verlasse. Der Forkelbock will mir aber den ganzen Abend lang nicht aus dem Kopf gehen.
Mit Diva, die geduldig unter der Leiter gesessen hatte, schlendere ich zu meinem Schlafplatz unter einer mir besonders ans Herz gewachsenen, imposanten Kiefer, wickele mich in meine Wolldecke und erwarte den Sonnenaufgang.
Meine Strategie, das Feisthirschrudel zu überlisten, es zumindest zu Gesicht zu bekommen, geht auch am Morgen nicht auf. Fröstelnd, taudurchnässt sitzen Diva und ich an der Erdbeerbahn, einem breiten, zugewucherten Waldweg, den die Hirsche normalerweise auf dem Rückwechsel in den Tageseinstand queren.

Während ich erwartungsvoll, angestrengt lausche, gespannt mit und ohne Glas nach erhofften Bewegungen spähe, hat sich Diva wieder zusammengerollt. Sie schläft, als hätte sie längst erkannt, dass nicht mehr mit Wild zu rechnen ist, und schließlich gebe auch ich auf. Kein Rotwild, kein Rehwild, kein Häher, kein Hase, kein Fuchs und keine Fliege, das Revier erscheint wie ausgestorben. Der kleine Uhrzeiger steht bereits auf der Neun. Die Augenlider werden immer schwerer. Unschlüssig, ob ich die Familie besänftigen, zum Brötchenkaufen und nach Hause fahren oder abfährten soll, beschließe ich, den versäumten Schlaf nachzuholen. Langsam rollt der Wagen zu dem Feldgehölz, an dessen Rand ich neben einer knorrigen Eiche so manches Mal genächtigt und kürzlich mehrfach geblattet hatte.

Auf dem breiten Grenzweg rumpelt mir ein Geländewagen entgegen. Laut klappern zwei leere Eimer auf der Ladefläche des Anhängers durcheinander. Der Reviernachbar fährt, ohne mich eines besonderen Blickes zu würdigen, vorüber. Mit seinem Vorgänger traf ich mich oft, wenn wir in der Frühe vom Abfährten kamen. Die Kunst, mit Hilfe des Hundes Wild nach dem Fährtenbild zu bestätigen, zu finden und zu bestimmen, wird von der jungen Generation nicht mehr gepflegt, Kirren ist stattdessen angesagt.

Ich bin todmüde. Den würzigen Geruch der Brennnesseln, der Kamille und des Geißblattes – die Heidjer nennen die intensiv duftende Pflanze Jelängerjelieber – sowie weitere, die Sinne betörenden Düfte, nehme ich kaum noch wahr, als ich in dem frischen Gras am Waldrand liege. Während Diva sich noch unermüdlich im Kreis dreht und ein Lager in den frischen Bewuchs tritt, bin ich eingeschlafen.

Als nach einer, vielleicht auch zwei Stunden die Sonne ein gutes Stück weitergewandert ist, die Strahlen zwischen den Kronen der alten Eiche ihren Weg auf den Erdboden finden, mein Gesicht kitzeln, wärmen und blenden, wache ich auf.

Genüsslich atme ich die frischen Gerüche meiner Umgebung tief in mich ein, versuche zwischen süß und sauer, herb, hold oder bitter zu unterscheiden, recke mich wohlig, schaue zufrieden in den blauen Himmel und bin unendlich dankbar. Diva schielt zu mir her, bleibt aber, unbeeindruckt von dem schönen Vormittag, noch liegen.

Als ich mich aufrichten will, steht kaum 70 Gänge entfernt ein Reh. Fast ungezählte Morgen und Abende habe ich hier verbracht, nie ein Stück gesehen, nun glaube ich an eine Täuschung, sinke aber geistesgegenwärtig sofort wieder in mich zusammen und liege platt auf dem Erdboden.

Diva hat sich ebenfalls aufgerichtet, sitzt neben mir, aufmerksam, gespannt, diszipliniert, ein perfektes Zusammenspiel aus Ausbildung sowie gemeinsamer Jagderfahrung, und beobachtet alles. Ich hatte in den wenigen Momenten nicht bemerkt, wie sie sich auch erhoben hatte, zu sehr war ich auf das Reh konzentriert. Gewiss waren es auch die Bewegungen der Hündin, die den Bock so misstrauisch gemacht haben, dass er zu uns heräugt.

Ganz besonders vorsichtig rolle ich mich auf die Seite, hebe im Zeitlupentempo wieder den Kopf und spähe über das Gras. Was ich als eine Halluzination wähnte, ist tatsächlich ein Rehbock, der aber das Haupt nun wieder gesenkt hat. Alt ist er nicht, gewiss aber

kein Jährling, auf jeden Fall bin ich sicher, endlich den »flotten Feger« vor mir zu haben. Zentimeter um Zentimeter sinke ich erneut bedächtig ins hohe Gras zurück. Vorsichtig angele ich dann nach der neben mir liegenden Büchse, lege behutsam die Sicherung herum, ziehe umständlich, so gut es im Liegen eben geht, den Schaft vor die Schulter, halte die Waffe mit der rechten Hand am Pistolengriff, drehe mich so, dass die Mündung Richtung Bock zeigen müsste und stütze mich dann mit dem linken Ellenbogen unendlich langsam hoch, bis ich gerade über das üppige Grün vor mir lugen kann.

Der Bock steht noch an derselben Stelle und zeigt mir den Spiegel, Kopf, geschweige denn Gehörn, sind nicht zu sehen.
Schließlich sitze ich. Als ich das vor mir stehende Reh mit einer Kopfverrenkung, die jedem Waldkauz Ehre gemacht hätte, anvisiere, wird es unruhig, wendet sich mir zu und steht breit. Im Absehen des Zielfernrohres erkenne ich ein kümmerliches Gehörn aber auch, dass der Bock in allerhöchster Alarmbereitschaft ist, augenblicklich abspringen wird. Lange kann ich in der verdrehten Körperstellung nicht verharren, mein Zeigefinger schleicht zum Abzug und krümmt sich.
Vier Augenpaare folgen dann dem davonstürmenden Reh, hinter dem sich nach wenigen Fluchten die schützenden Zweige des dichten Unterwuchses schließen.
Beruhigend rede ich auf meine Hündin ein, bin aber genauso ungeduldig wie sie und warte nicht einmal eine Zigarettenlänge, bis wir zum Anschuss gehen und dann der breiten Schweißfährte folgen.
Nach dreißig Metern wird der Riemen schlaff.
In dem dichten Unterwuchs entdecke ich den Bock. Müde hebt er sein Haupt und Diva hängt augenblicklich an seiner Drossel. Ein schneller Griff zum Messer, kurzes, kraftloses Aufbäumen, dann ist letztes Leben aus dem geschundenen Wildkörper gewichen, das »Drama« beendet, und ich knie neben dem alten Spießer, es war sein fünfter oder sechster Sommer.

Eine ungewollte Dublette

Ein Förster aus Süddeutschland, der einen Jagdgast auf einen Abschusshirsch zu Schuss bringen sollte, erzählte mir vor vielen Jahren von einer gleichermaßen unglücklichen wie skurrilen Dublette: Es erschien damals wie verhext. Die beiden Männer sahen zwar Hirsche, aber entweder standen sie zu weit für einen sicheren Schuss, waren zu alt, zu jung, zu stark oder zu schwach. Endlich, beim sechsten Ansitz, trat vor der Kanzel ein Sechser auf die Kahlfläche.

Gebannte Blicke durch die Ferngläser, dann flüsterte der Beamte: »Den können Sie schießen!«

Im gleichen Augenblick wechselte ein weiterer Hirsch aus dem Bestand, ein Achter. Aufgeregt fragte der Gast: »Und der, kann ich den auch schießen?«

»Mmm«, murmelte der Führer kopfnickend nach einem kurzen Blick durch sein Glas leise, beobachtete dann den Sechser weiter, und wartete darauf, während der Gast in Anschlag ging, dass der Hirsch sich breit stellte. Kaum war der Schuss verklungen und der Beschossene nach einer hohen Flucht zusammengebrochen, knallte es ein zweites Mal. Erschreckt ließ der Beamte das Glas sinken und sah, dass auch der Achter nach zwei, drei Fluchten zu Boden ging. »Sind Sie verrückt geworden!«, donnerte er. Der erstaunte Schütze strahlte über das ganze Gesicht. »Sie haben doch gesagt, den kann ich auch schießen.«

Die Geschichte über die ungewollte Dublette kommt mir in den Sinn, als ich nun im letzten Novembermond den Sauen nachstelle.

Der Schnee war ausgeblieben, dafür hat es ausgiebig geregnet. Es tropft von Büschen und Bäumen, der Waldboden ist aufgeweicht von Feuchtigkeit und verschluckt störende Geräusche auf meinem Pirschgang.
Hoffnungsvoll hatte ich mich von meinem Mitpächter verabschiedet und schleiche mit meiner Schweißhündin zu den verwaisten Viehweiden. Dort stehen mehrere alte Eichen, unter denen noch reichlich Mast aus dem vergangenen Herbst liegt. Die Sauen haben in den letzten Nächten bei der Suche nach Fraß die Erde dort in eine wahre Mondlandschaft verwandelt.

Nachdem wir fast zwei Stunden lang am Waldrand hinter dem Schatten einer der hohen Bäume gestanden, kein verdächtiges Geräusch gehört, kein den Puls beschleunigenden Schatten und schon gar keine Sau gesehen haben, gebe ich auf.
Es ist sehr spät, beziehungsweise früh, knapp dreieinhalb Stunden sind wir bereits unterwegs. Obwohl todmüde, will ich, bevor ich endgültig nach Hause gehe, noch einen Versuch machen, und pirsche zur »Großen Brache«, wo in der Vergangenheit ebenfalls regelmäßig Sauen gebrochen haben. So gespannt ich auf meinem Marsch auch lausche, wenn ich alle 20 bis 30 Schritte minutenlang verhalte, hörbare Ruhe, tiefes Schweigen herrscht um uns herum.
Der Mond hat längst die höchste Stelle seiner Bahn überschritten. Seine rechte Seite erscheint bereits wieder abgeflacht, nicht so rund wie vor fünf oder sechs Tagen, als der Erdtrabant noch kreisrund war. Durch das filigrane Gezweig der kahlen Bäume wirft sein bleiches Licht matte Strahlenbündel auf den Boden, zeichnet aber immer noch deutliche Schattenspiele und verzerrte Umrisse voller Konturen auf die Erde. Die Sterne verblassen allmählich, nur wenige blinken noch vom Himmel herab. Mein Freund war gewiss schon lange zu Hause.
Vorsichtshalber mache ich aber einen Umweg, um ihn nicht zu stören, falls er auch noch ausharrt, gehe den langen Reitweg Richtung Süden, biege nach eineinhalb Kilometern nach Osten ab und erreiche die »Große Brache«.
Mitten auf der Fläche äsen vertraut zwei Rehe. Der Wind steht günstig, und sie bemerken uns nicht, als wir uns im Schutz der Kiefern nähern. Plötzlich werden die beiden unruhig. Sie haben aber nicht uns wahrgenommen, sondern sichern zur gegenüberliegenden Waldkante, doch so sehr ich mein Fernglas bemühe, nichts Außergewöhnliches ist dort auszumachen.

Minuten verharre ich, und plötzlich ertönt hohes Quietschen. Im Schlagschatten der alten Eichen auf der anderen Seite der Brache tummeln sich Sauen. Nur einmal kurz haben sie sich akustisch verraten, sehen kann ich sie im Dämmerdunkel des Waldrandes nicht. Die beiden Rehe ziehen langsam fort und verschwinden hinter uns im Bestand.
Vorsichtig schleichen wir weiter, bis ich glaube, auf gleicher Höhe mit den Schwarzkitteln zu sein, und verharren erneut. Diva blickt ebenfalls gebannt dorthin, und dann nehme ich vier dunkle Schemen in dem diffusen Licht unter den Bäumen wahr – Sauen!

Fünf Minuten vergehen, zehn, das Licht wird immer schlechter. Schließlich schleiche ich tief gebückt über die offene Fläche auf die Schwarzkittel zu.
Mit jedem Meter, den der Hund und ich ihnen näherkommen, erkenne ich sie deutlicher. Als uns noch knapp 60 Meter trennen bin ich sicher: Vier Überläufer brechen unter den knorrigen Stämmen vor uns nach Mast. Ich mache mich noch kleiner, gehe dann behutsam in die Hocke und sitze schließlich auf dem Hosenboden. Diva hat sich ebenfalls gesetzt und starrt wie ich wie hypnotisiert zu den Sauen. Sie erscheinen gleich stark, und als eine von ihnen breit steht, zerreißt der grässlich laute Knall meiner Büchse die Stille der friedlichen Mondnacht.
Geblendet vom Mündungsfeuer bemerke ich aus den Augenwinkeln, wie zwei Sauen nach links flüchten und eine, wohl die Beschossene, schräg auf mich zu trollt. Augenblicklich habe ich repetiert, und 30 Meter vor mir bricht der Kujel zusammen.
Die beiden Schüsse haben Divas Nerven stark beansprucht. Ungeduldig zieht sie zu der toten Sau. Ich gebe dem Drängen der Hündin bald nach, und schon stehen wir vor unserer Beute, ein Überläufer, geschätzte 40 Kilogramm schwer. Hund und Schütze sind gleichermaßen zufrieden.
Bevor ich das Stück aufbreche, will ich den Sitz der Kugeln prüfen, aber da vernehme ich Motorengeräusche. Es wird der Freund sein, und der kann mir beim Bringen behilflich sein, schießt es mir durch den Sinn. Flink deponiere ich meinen Hut auf dem erlegten Überläufer, damit wir ihn in dem Gras besser wiederfinden, und eile zum Hauptweg, um mich dem Freund bemerkbar zu machen. Als das Auto um die Ecke biegt, kann ich ihn stoppen und von dem erfolgreichen Schuss berichten.
Gemeinsam fahren wir zurück. Langsam bahnt sich der Wagen seinen Weg durch den teils fast kniehohen Bewuchs. Diva läuft voran, bis im Scheinwerferlicht die verendete Sau erscheint.

Das Aufbrechen ist schnell vollbracht, die Beute auf die Ladefläche gehievt, und los geht es, nach Hause, ich bin müde.
Quer über die »Große Brache« rumpelt der Wagen zurück zum Weg. Diva springt freudig vor dem Geländeauto her, doch schon nach 50 Metern verhofft sie.
»Wie kommt denn Dein Hut dahin?«, ruft der Freund erstaunt aus. Im selben Moment erblicke auch ich meine vom Scheinwerferlicht angestrahlte, geliebte Kopfbedeckung.
Ich hatte das gute Stück völlig vergessen. Erst jetzt wird mir klar, dass dem darunterliegenden Schwarzkittel der erste Schuss gegolten hatte. Der andere Überläufer, der bereits auf der Ladefläche liegt, war gesund, bevor er absprang und ich ihn erlegte.

Wahrscheinlich hätten erst tagelang später Kolkraben meine Gier offenbart. Jägerisches Versagen, Unachtsamkeit und Leichtsinn haben mir eine ungewollte Dublette beschert –und einen schalen Nachgeschmack hinterlassen.

Erfolgreich jagen heißt: Vom Hasen lernen

Der Wonnemonat war bereits zur Hälfte vorüber, als ich das erste Mal in diesem Jagdjahr zu meinem Bruder fuhr. Lerchen jubilierten, ein Kuckuck rief, und im Jasmin vor dem Herrenhaus sang eine Nachtigall, obwohl der Abend noch nicht begonnen hatte.

Die Natur war in Hochstimmung, und ich war in der gleichen Gemütsverfassung, als ich mit meiner Hündin zu Frommhages Busch pirschte, wo mein Bruder mehrmals einen alten Bock gesehen hatte. Ich beobachtete ein Schmalreh, später trat eine Ricke mit ihrem Kitz aus, der Bock ließ sich nicht blicken. Dreimal, zweimal morgens und einmal abends, saß ich an den Stamm einer dicken Birke geschmiegt in der Wiese und wartete auf ihn. Bis dichter Nebel die breite Buschreihe nur noch als dunklen Strich erkennen ließ, die Bäume immer konturloser, schließlich eins wurden mit der Dunkelheit, verharrte ich regungslos mit meinem Hund am Boden unter der Birke – erfolglos.

Foto: Gert G. von Harling

Und wenn in der Früh die Schatten der Nacht langsam wichen, die ersten Vogelstimmen zögernd den neuen Tag ankündigten, letzte Dunstfetzen über die Wiese schwebten, Bäume und Büsche wieder Gestalt annahmen, sich die Sonne am östlichen Horizont ankündigte, höher stieg, über den dunklen, fast schwarzen Kiefern erschien und in wenigen Minuten die Dunstschleier, die auf dem feuchten Gras waberten, aufsog, wartete ich an den silberhellen Birkenstamm gelehnt und saugte die würzige, duftende Luft tief in mich ein.

Am ersten Morgen trollte der Alte durch den Buschstreifen, der sich von der Kiefernschonung durch die Weiden zieht und an einem zugewucherten Entwässerungsgraben, in den angrenzenden Rapsschlag. Am Abend bummelte er bei bestem Büchsenlicht, aus dem entfernten Raps kommend, wieder durch den Buschstreifen in den Kiefernbestand, seinen vermutlichen Tageseinstand, zog aber so verdeckt und war nur kurze Momente sichtbar, dass ich mich nicht traute zu schießen. Am nächsten Morgen gewahrte ich ihn erst am frühen Vormittag, als ich meinen Ansitz frustriert beenden wollte. Der Bock hielt sich jedenfalls nicht, wie andere Rehe, an einen festen Wechsel oder eine bestimmte Zeit, nach deren Austreten man die Uhr hätte stellen können.

Und nun hocke ich zum vierten Mal an diesem Wochenende bei gutem Wind an »meiner« Birke, rund 100 Meter entfernt vom erhofften Wechsel aus der Kiefernschonung durch den Buschstreifen zum Rapsfeld, sehe mich schon als Schneider nach Hause fah-

ren, höre im Geist die zurückgebliebene Familie vorwurfsvoll und einig zetern, wie unsinnig die lange Fahrt gewesen sei.
Es wird der vorläufig letzte Ansitz sein. Anschließend muss ich nach Hause, die Arbeit im Büro lässt sich nicht aufschieben.
Links schmettert ein Fitis Laubsänger, rechts ein Buchfink sein Lied – so ähnlich klingende Strophen von so unterschiedlich lebenden und aussehenden Vögeln, überlege ich, als ich auf »meinen« Bock passe. Ein Fuchs schnürt am Waldrand entlang. Wenig später erscheint ein Hase und hoppelt dem Rotrock entgegen. Der drückt sich, so dass ich in der spärlichen Deckung nur noch seine Gehöre erkenne, während sich Mümmelmann ihm bis auf wenige Meter nähert. Da macht Lampe einen Kegel, äugt starr auf seinen Todfeind, der sich gelangweilt auf die Keulen setzt, tut, als hätte er den Hasen nie gesehen, und der Krumme mümmelt nur wenige Meter entfernt von seinem Erzfeind, als sei dieser für ihn nicht vorhanden.
Langsam schleicht die Dämmerung heran. Ein Habicht ruft, ein anderer antwortet. Wahrscheinlich Altvögel, die ihren Horst mit fast flüggen Jungen nicht weit entfernt in einer Kiefer haben.
Mit den ersten Nebelschwaden über dem feuchten Gras erscheint der Bock, trollt in Richtung Rapsfeld, verschwindet, bevor ich mich umgedreht und die Büchse in Anschlag gebracht habe, und auf dem Heimweg steht für mich fest, dass ich, ungeachtet des drohenden Familienstreites und dem Ärger im Büro, den Morgen noch einmal hier verbringen werde.
Voller Zuversicht mache ich mich vor dem ersten Hahnenschrei wieder auf den Weg am Kiefernaltholz vorbei zu »meiner« Birke. Schon auf weite Entfernung erblicke ich im besagten Buschstreifen ein Reh - meinen Bock. Geruhsam äst er an einem Holunderbusch. Der Wildkörper ist verdeckt, aber das Haupt kann ich sehr wohl ansprechen, wenn es sich hochstreckt, um einen neuen Trieb abzureißen und dann wieder im Unterwuchs wegtaucht, während der Zweig noch hin- und herschwingt. Kurz darauf erscheint das Haupt wieder über dem Gestrüpp, der Busch wackelt erneut, gerät in Aufruhr, und wieder ist das Haupt des Bockes danach vom dichten Grün verschluckt.
Noch ist das Ziel meiner Begierde größtenteils verdeckt und steht zu weit für einen sicheren Schuss, aber der Bock hat keine Eile, vom Raps zu seinem Tageseinstand zu ziehen.
Flink streife ich meine störende Jacke ab, lasse sie auf den Weg gleiten und krieche, einen Weidepfahl zwischen uns als dürftige Deckung nutzend, zu der Birke, in deren Schutz ich die letzten Ansitze verbracht habe. Als ich die Büchse an dem knorrigen Stamm an-

streiche, zieht der Bock weiter, ohne dass ich schießen kann, und wenige Minuten später beobachte ich, wie er in der Kieferndeckung verschwindet. Einmal noch leuchtet seine Decke zwischen den jungen Stämmen auf, dann erkenne ich seinen Spiegel, und der Spuk ist wiederum vorbei.

Enttäuscht setze ich mich, und meine Blicke wandern den dicken Stamm empor bis in die hohe, weitausladende Krone aus filigranem Gezweig.

Die Birke, Symbol des wiedererwachenden Lebens, des Frühlings und der Jugend, ist einer der ersten Bäume im Wald, die nach dem Winter neue Blätter ansetzt, mit ihr beginnt das Frühjahr, der Neubeginn. Eine ausgewachsene Birke verdunstet an einem Sommertag gut und gerne mal 80 Liter Wasser. Flechten und Pilze gehen mit Birken gerne eine Symbiose ein, und je nach Standort werden sie von mehreren Hundert verschiedenen Insektenarten bevölkert. Dies zieht wiederum viele Vogelarten an. Die alte Birke, unter der ich sitze, ist so zusagen ein eigenständiges, kleines Biotop, eine Welt für sich.

Ich überlege, ob ich zu einem anderen Winkel des Reviers pirschen oder endgültig aufgeben soll. Es ist zwar schon verhältnismäßig spät, aber gewiss ist das Rehwild auf den Läufen, da es den Tau der allerersten Morgendämmerungsstunde im feuchten Gras scheut und erst wieder austritt, wenn die Sonne höher steigt. Dann steht es gern an einer windgeschützten Stelle und lässt sich nach langer, kühler Nacht von den ersten Strahlen die Decke wärmen, aber »mein« Bock an diesem Morgen hier kaum noch einmal austreten.

Da nähert sich auf dem Weg, den ich vor einer knappen Stunde entlanggekrochen war, ein Hase. Zielstrebig hoppelt er auf meiner Spur, die in dem niedergetretenen, taufrischen Gras noch gut zu erkennen ist, näher. Auf einmal macht er einen Kegel, prescht in rasender Flucht zurück und verschwindet, einen Haken schlagend, in der Kieferndickung. Ein seltsames Verhalten. Da fällt mir meine Jacke ein, die immer noch auf dem Weg liegt. Sie hat den Mümmelmann veranlasst, das Panier zu ergreifen. Amüsiert sammle ich sie ein und breche den Ansitz ab.

Auf meinem Rückmarsch mache ich Rast an einer blühenden Wiese und erfreue mich an einer Ricke und ihren beiden ausgelassen tobenden Kitzen. Während die Geiß unbeeindruckt von den Spielen ihres Nachwuchses äst, beobachtet noch jemand das Treiben der beiden jungen Rehe: ein Hase. Wie ein Denkmal sitzt er in stoischer Ruhe am Rande der Wiese.

Ich betrachte ihn mir durch das Fernglas und denke unwillkürlich an die Begegnung mit Meister Lampe an diesem Morgen und an seine erschreckte Flucht vor meine Jacke. Im selben Augenblick weiß ich, wie ich endlich den Bock überlisten kann.

Lange vor der sonst üblichen Zeit pirsche zu meinem nun schon vertrauten Ansitz, hänge vorher meine Jacke in den Holunderbusch, an dem der Bock mehrmals verhofft hatte, und genieße den langsam schwindenden Tag. Die Ricke mit ihrem Kitz tritt auf die Wiese, zehn Minuten später gesellt sich das Schmalreh hinzu und dann zieht der Bock zielstrebig aus den Kiefern durch den Buschstreifen zum Rapsfeld. Meistens kann ich in dem dichten Bewuchs nur vermuten, wo er gerade ist. Ab und an fegt er. Ich ahne es mehr, denn Sträucher bewegen sich heftig hin und her. Dann zieht er weiter und flüchtet plötzlich auf die Wiese. Unruhig sichert er zu dem Buschstreifen, schreckt mehrmals und zieht im Stechschritt zurück zu dem Holunderbusch, an dem meine Jacke hängt. In diesem Augenblick fällt mein Schuss, bevor der Alte die schützende Deckung erreichen kann, bricht er zusammen. Noch lange sitze ich mit meiner Hündin neben dem Gestreckten unter der Birke im nassen Gras, bis mich der aufsteigende, ungemütlich kalte Nebel an meine ungewöhnliche Jagdhelferin erinnert, die immer noch zweckentfremdet im Holunderbusch hängt. Ich breche meinen Bock auf, hole meine wärmende Jacke und wandere mit meiner Hündin dankbar nach Hause.

Von Hirschen und von Flugwild: Bunte Strecke

Die Spannung wächst an Taubentagen

Aphrodite, Göttin der Liebe in der griechischen Mythologie, schlüpfte aus einem Ei, das von einer Taube ausgebrütet wurde. In der Arche Noah ging, wie das Alte Testament berichtet, eine Taube mit auf Reisen, entdeckte Land, kehrte mit einem Ölzweig im Schnabel zurück und überbrachte so die Botschaft vom Ende der Sintflut. Jesus sah bei seiner Taufe den Himmel geöffnet und den Heiligen Geist in Gestalt einer Taube herabkommen.

Seit Menschen Gedenken gelten Tauben als Symbol der Unschuld, des Friedens und der Treue, doch seitdem sie als halbzahme Bewohner die Großstädte bevölkern, in New York sollen weit über eine Million leben, in Berlin etwa die Hälfte, haben Stadtverwaltungen Columba livia, der Straßentaube, den Krieg erklärt. Sie wird gejagt, gefangen und vergiftet. Aus dem Sinnbild des Heiligen Geistes ist die »Ratte der Lüfte« geworden, für mich nicht.

In meinem Garten am Rande Lüneburgs haben die Anpassungskünstler Nummer eins an die menschliche Zivilisation ihre Scheu vor den Leuten längst verloren. Als Jagdwild erscheinen sie kaum noch begehrenswert.

Vom Schornstein des Nachbarhauses lockt seit einer knappen Woche jeden Morgen ein Ringeltauber. Er klingt mir anders als die melodischen Balzrufe im Wald, die mich früher so oft verführten, meinem Schreibtisch den Rücken zu kehren und einen der grauen Frühlingskünder anzuspringen. Bescheidene Beute für den Kochtopf, aber spannende Jagd, tempi passati, und doch kommt so etwas wie Sehnsucht in mir auf. Wie anders ist die Jagd an den Taubentagen bei meinem Freund Hinnok, denke ich. Dort erzielen wir

mitunter Tagesstrecken von mehr als 150 der zu Schaden gehenden Vögel. Mehrmals hatte ich mit dem Freund telefoniert, um zu fragen, ob es lohnend sei, ihn wegen der Taubenjagd zu besuchen, stets hieß es, sie sind noch nicht da.
Aber dann kam ein Anruf: Die »nordischen Tauben« seien angekommen. Mitunter wäre der Himmel buchstäblich schwarz. In den alten Eichen im Park säßen sie zu Hunderten, die Bäume wirkten, als seien sie belaubt, ich müsse sofort kommen – und es bedarf keiner zweiten Aufforderung.

Als wir durch den Park schlendern, entdecke ich mehrere Rupfungen. Hell leuchten die Federreste der geschlagenen Ringeltauben im diffusen Zwielicht auf dem vergehenden Laub. Uhu und Habicht hatten leichte und reichlich Beute.
Auf unserem abendlichen Spaziergang begleitet uns am Himmel der Orion. Ich denke an die griechische Mythologie, nach der Orion als passionierter Jäger dargestellt wird, der alle wilden Tiere des Erdkreises töten wollte. Die Göttinnen Gaia, Artemis sowie Hera ließen ihn daher von einem Skorpion stechen, worauf Asklepios ihn zu retten versuchte. Orion und Skorpion wurden als Sternbilder an den Himmel versetzt, wo sie sich immer noch jagen. Orions Sternbild erscheint bei uns in den Wintermonaten, das des Skorpions zur Sommerzeit, beide gleichzeitig sind fast nie zu sehen.
Nach einer anderen Legende ist Orion der Sohn einer Nymphe von Artemis, die als Begleiterin der jungfräulichen Göttin der Jagd ebenfalls jungfräulich bleiben musste. Allerdings hatte Göttervater Zeus ein Auge auf sie geworfen, und als sie schwanger wurde, verwandelte die Göttin der Jagd ihre Nymphe in eine Bärin. Die gebar Orion in Menschengestalt. Er wurde von Hirten aufgezogen und ein großer Jäger. Als ihm bei der Jagd eine Bärin über den Weg lief, erkannte er nicht, dass es seine Mutter war. Die Bärin richtete sich auf und breitete ihre Vorderpranten aus, um ihren Sohn zu umarmen, doch der glaubte an einen Angriff und erschoss seine Mutter. Wegen dieser Tragödie wurden der Große Bär und der Orion an den Himmel gehoben.
Plötzlich rauscht es laut in den hohen Bäumen über uns, der große Jäger ist augenblicklich vergessen. Massenweise Tauben klatschen davon, streichen zwischen den Baumkronen orientierungslos herum, sind meistens nur als Schatten gegen den Himmel auszumachen. Mit schlechtem Gewissen die Vögel gestört zu haben, rufe ich meine Hündin, und wir ziehen uns voller Vorfreude zurück. Flüsternd klärt mich der Freund dabei über die »nordischen Tauben« auf. Sie kommen im Dezember, je nach Wetterlage manchmal

noch einmal im Februar, aus Polen, Weißrussland oder dem Baltikum. Länger als eine knappe Woche bleiben sie nie. Als es noch mehr Rapsanbau gab, erschienen sie regelmäßiger, aber der ist dem Biomais gewichen, deswegen sind auch die standorttreuen heimischen Ringeltauben weniger geworden.

Die riesigen Schwärme der wandernden Tauben sind schwierig zu bejagen, sie sind scheuer als ihre einheimischen Artgenossen. Man kommt schwer an sie heran. Tausend Augenpaare eräugen eben mehr, erkennen Gefahren eher, als zehn. Wird ein Schwarm, mitunter besteht er aus über tausend Vögeln, beschossen, teilt er sich auf, dann ist es manchmal nicht gar so schwierig.

Am nächsten Vormittag erwarte ich gespannt und gleichermaßen neugierig die großen Schwärme der grauen Flieger. Dicht an die raue Rinde einer Erle geschmiegt, werde ich quasi eins mit der Natur. Als erinnert sich meine Hündin noch vom letzten Jahr an die Jagd auf diesem Stand, folgt sie meinen suchenden Blicken und starrt fast ständig nach oben.

Die letzten Sonnentage haben die lichten Erlen erste zarte, kaum merkliche Knospenansätze sprießen lassen, die sich noch in dem filigranen Geäst verbergen, aber das Gezweig wirkt nur kahl, Tauben haben kaum Schwierigkeiten, sich zu verbergen.

Als sich kleine Punkte am Himmel nähern, sich als ein Pulk von mehreren 100 Vögeln entpuppen, macht sich Hochstimmung in mir breit. Sofort gehe ich in Anschlag. Die Laufmündung zeigt steil nach oben, damit ich keine unnötigen Bewegungen mehr machen muss, wenn sie sich über mir niederlassen, doch als die Vögel in den Baumkronen einfallen, erkenne ich lediglich vier oder fünf. Wie dicke Tropfen oder dunkle Blätter, die sich aus dem vergangenen Jahr in den Wipfeln gehalten haben, hängen sie in den Zweigen. Der Rest ist nicht auszumachen.

Ganz kurz nur verweilt das Korn der Flinte auf dem kleinen, 30 Meter entfernten Ziel, ein Schuss fällt, Schwingenklatschen, und ein wildes Durcheinander von Tauben stiebt in alle Himmelsrichtungen auseinander. Nur eine taumelt kraftlos herab und bleibt 20 Meter vor uns verendet auf dem verdorrten Gras liegen.

Ich bin so verdutzt über die Masse der Vögel und das laute Geflatter, dass ich gar nicht daran denke, die Chance eines zweiten Schusses zu nutzen, er wäre bei den rasanten Auf- und Abbewegungen der sich hektisch entfernenden Vögel gewiss erfolglos geblieben.

Nach dem Flintenknall flüchten fünf Rehe hinter mir über die braunen Maisstoppeln

davon. Der Acker gleicht einem See. Hoch spritzt das Wasser, das nicht ablaufen und versickern kann, weil die schweren Erntemaschinen den Boden so verdichtet haben. Der Sprung trollt Richtung Landstraße, verhofft wenige Meter davor, und äst vertraut, unbeeindruckt von den vielen Autos, als sei er allein auf der Welt. Das Rehwild hat gelernt, in dieser zersiedelten Umgebung zu leben, hat sich der Zivilisation längst angepasst, die Tauben auch.

Eine halbe Stunde später lassen sich drei Tauben über mir nieder. Eine trudelt nach einem kunstlosen Schuss aus den Baumkronen, während die beiden anderen aus dem Trio den ungastlichen Ort erschreckt aber gesund verlassen, so schnell, dass ich wieder nicht dazu komme, ein zweites Mal zu schießen.

Ab und an bricht die Sonne durch die graue, düstere Wolkendecke, bringt das Licht etwas Positives, Verheißungsvolles in den trüben Tag, aber immer nur kurz, dann präsentiert sich mein Jagdgebiet wieder trostlos und trübe, untermalt vom Rauschen des

Autoverkehrs, dem gelegentlichen Ruf einer Rabenkrähe oder Schackern einer Elster. Mitunter erkenne ich weit entfernt, viel zu weit für einen sicheren Schuss, zwei, drei oder auch kleine Trupps von fünf oder zehn Vögeln, aber sie machen keine Anstalten, näher zu streichen. Die erhofften Riesenschwärme bleiben aus.

Kurz nachdem ein besonders laut röhrendes Motorrad auf der vielbefahrenen Straße vorüber gerast ist, hocken, wie aus dem Nichts erschienen, 40 bis 50 Tauben über uns. Angestrahlt von der Sonne ist es ein wunderschönes Bild, wie sie mit ihrem rötlich schimmernden Brustgefieder, blaugrauen Rücken und leuchtenden weißen Halsringen regungslos im Geäst verharren. Doch als ich mich fast unmerklich bewege, nur ganz behutsam die Flinte fester umfasse, spritzen sie davon. Der Spuk ist im Nu wieder verschwunden.

Die dem Birkwild zugeschriebene Eigenschaft: »Auf jeder Feder ein Auge«, trifft eben auch auf die Geringelten zu.

Über eine Stunde lang lässt sich nun keine Taube mehr am Himmel blicken. Kein Vogel singt. Der eintönige Straßenverkehr ist die einzige Geräuschkulisse.

Lediglich zwei Schüsse habe ich gehört. Bei den Kameraden scheinen auch kaum Tauben zu fliegen. Die erhofften Riesenschwärme der »Nordischen« sind offenbar wieder fortgezogen. Das Warten ist mehr Meditation als Jagd.

Doch dann werde ich urplötzlich aus meinen Träumen gerissen. Sechs, sieben, acht Doppelschüsse fallen, ich bin wieder voller gespannter Aufmerksamkeit.

Da ruckst in einem entfernten Feldgehölz ein Tauber. Die Balzrufe des Frühlingskünders wirken wenig sehnsuchtsvoll, ergreifend, in diesem kultivierten, zersiedelten Umfeld, das von Hupen, Reifenquietschen und knatternden Motoren beherrscht wird.

Wohl mehr aus aufkommender Langeweile als aus Hoffnung, den Galan zum Zustehen zu bewegen, ahme ich sein Rufen nach. Keine Reaktion. Aber zwei andere Tauben lassen sich täuschen, sitzen unerwartet über mir und eine wird zur Beute.

Und dann erklingt erneut das Rucksen aus der Feldholzinsel, Strophe um Strophe, und wieder rufe ich zurück, ohne ernsthaft damit zu rechnen, der Tauber würde zustehen. Tut er auch nicht, aber vier weitere Tauben gehen knapp zehn Meter über mir nieder, haben sich von meinen Lockrufen beirren lassen.

Den zuunterst fußenden Vogel könnte ich fast mit den Flintenläufen erreichen und berühren, so nah ist er. Regungslos starren Diva und ich steil nach oben. Ich glaube, die

Hündin hat ebenso wie ich, das Atmen vergessen. Dann springe ich auf, reiße den Schaft der 12er vor die Schulter, doch viel zu langsam für die aufmerksamen, reaktionsschnellen Flieger. Als das Korn ein Ziel erfasst, hat es sich bereits so weit entfernt, dass die Schrotgarbe kaum noch tödliche Wirkung zeigen würde. Ich lasse die Flinte wieder sinken.
Mein Kopf und Oberkörper sind nun ständig in Unruhe, drehen sich langsam von links nach rechts und zurück, meine Augen suchen den Himmel ab. Da fällt mir ein dunkler Schleier am Horizont auf. Viel schneller als die dunklen, schweren Wolken schwebt er dahin. Es sind wahre Heerscharen von Ringeltauben. Die unzähligen Vögel wirken wie gewaltige Mückenschwärme. Nur in Südamerika habe ich so viele Tauben in so kurzer Zeit gesehen. Hunderte, vielleicht auch über tausend, viel zu hoch, viel zu weit, unerreichbar für meine Flinte. Das unglaubliche, atemberaubende Schauspiel hat sich im Nu wieder verflüchtigt, als sei es eine Fata Morgana gewesen.
In vier Stunden habe ich nur drei Schüsse abgegeben. Allmählich sehne ich das Ende der Jagd herbei. Aber dann, zehn Minuten bevor ich von meinem Stand abgeholt werden soll, sitzt doch noch ein großer Schwarm über mir. Ich war wohl wenig aufmerksam gewesen, hatte wieder nicht bemerkt, von wo er angeflogen war, aber so wird mir noch eine Taube zur Beute.
Im letzten Jahr hatte ich auf diesem Stand in drei Stunden 30 erlegt und nur wenig mehr gesehen, heute waren es in vier Stunden lediglich vier Vögel, aber gesehen hatte ich hundert Mal so viele.

Rülpskonzert im Paradies der Schaufler

Als sich Diva in der vierten Brunftkuhle am Pirschfahrt wieder ausgiebig »suhlt« bin ich es leid, nehme die Hündin an die Leine, und wir pirschen die letzten 500 Meter Seite an Seite zu dem notdürftig verblendeten Erdsitz in dem wohl 20 Hektar großen, knapp zwanzigjährigen Eichenbestand.

Rundum kann ich zwar über 100 Meter weit den Bestand einsehen, das Schussfeld ist allerdings eingeschränkt. Wild zwischen den eng beieinander stehenden Bäumen anzusprechen ist schwierig, Schießen eine Herausforderung.

Als mein Vetter Chrischi Kühne mit mir am Morgen durch das so reich mit Damwild gesegnete Revier fuhr, mir Grenzen, Suhlen, Äsungsflächen, Wildäcker, Einstände, Tief- und Hochsitze zeigte, war das Brunftkonzert der Schaufler bereits in vollem Gange, meine Vorfreude stieg in Erwartung auf erlebnisreiche, beuteträchtige Tage. Wir beobachteten Kahlwild, Spießer, Knieper, angehende Schaufler und dann, fast am Ende unserer Revier-Rundfahrt, einen wahren Methusalem, einen uralten, zurückgesetzten Damhirsch mit bis zur Abnormität zerrissenen Schaufeln. Aug- und Mittelsprossen waren lediglich als dickere Knöpfe erkennbar. Ich erinnere mich nicht, jemals eine derart ungewöhnliche Damwildtrophäe gesehen zu haben und konnte kaum erwarten, mich diesem alten Recken zu widmen. Ohne von uns Notiz zu nehmen zog er müde in Richtung der beiden traditionellen Brunftplätze.

Und nun sitzt Diva mir zu Füßen in dem Schirm, zu dem der Hirsch am Morgen gezogen war, und ich hoffe, er wird schon bald auftauchen. Die Hündin ist zufrieden, denn sie kann unter den Fichtenzweigen, die den Sitz verblenden und uns Deckung geben, weit in den jungen Bestand blicken.

Zwanzig Minuten nachdem wir unseren Platz eingenommen haben und ich nach kurzer Unruhe regungslos durch die Sehschlitze des Ansitzschirmes spähe, verweist die Hündin Wild, bebt am ganzen Körper und blickt starr nach Westen, in die Richtung des anderen Brunftplatzes.
Dann höre auch ich Rasseln, Knarren und Keuchen, dort schreit ein Hirsch, ein zweiter, dann ein dritter. Die erregenden Laute vermischen sich zu einem gleichmäßigen Hintergrundkonzert, und obwohl ich keinen der Urheber sehe, bin ich von den ungestümen, leidenschaftlichen Brunftschreien fasziniert. Offenbar hat sich das Brunftgeschehen 500 Meter Richtung Süden verlagert. Ich grübele angestrengt über eine Strategie nach, wie ich vom Wild unbemerkt, geräuschlos meinen Schirm verlassen kann und nach dort gelange.

Der Wind steht günstig. Doch da enthebt mich Diva jeglicher Planung, starrt konzentriert nach Norden und nimmt mir die Entscheidung ab. Ein langstangiger Hirsch nähert sich und verhofft 150 Gänge vor uns mit hoch erhobenem Haupt.

Ohne Vorwarnung meiner Hündin hätte ich ihn in den eng beieinanderstehenden, dünnen Eichen kaum wahrgenommen.

Angestrengt versuche ich, ihn auf sein Alter anzusprechen, aber in dem Durcheinander der vielen jungen Bäume sowie einigen Stücken Kahlwild zwischen uns verzweifele ich fast, es ist unmöglich.

So viel aber ist zu erkennen: Die mir zugewandte Stange ist die eines normal entwickelten, jungen Schauflers, doch dann registriere ich: Die rechte Hälfte des Kopfschmuckes

besteht nur aus einer endenreichen, schmalen Leiste, ähnlich einem großen Sägeblatt. Nach herkömmlichen Richtlinien ein Abschussgrund.
Nur kurz zögere ich, überlege, ob ich auf den Alten warten soll, den wir am Morgen sahen, oder ob ich diese Chance ergreifen soll. Nach einem erneuten Blick durch das Fernglas auf das bizarre Geweih greife ich zur Büchse und gehe in Anschlag.
Der Hirsch ist aber immer in Bewegung, bietet nur ein sehr unruhiges, unsicheres Ziel. Steht er frei und richtet sich die Laufmündung in seine Richtung, wird er von anderen Stücken verdeckt oder zieht vor, um einige Meter weiter, wie aus dem Nichts, wieder aufzutauchen. Minutenlang stiere ich angespannt durch das Zielfernrohr, meine Augen tränen bereits, dann zieht er rülpsend davon und bleibt verschwunden. Entspannt lehne ich mich wieder zurück.
Ein einsamer dunkelroter Fliegenpilz zieht meine Blicke kurz fort von den Blättern der dunkelbraunen Eichen und goldgelb im letzten Herbst leuchtenden Buchen.
Plötzlich wird der Hund erneut unruhig. Dort, wo er hinblickt, mache ich ruckweise Be-

wegungen aus – Damwild – aber viel zu weit, nicht anzusprechen, ob Tier oder Hirsch, jung oder alt, schwach oder stark. Da verhofft ein Stück, unbeweglich. Wüsste ich nicht genau, wo es steht, ich hätte es längst aus den Augen verloren, geglaubt es wäre fortgezogen.

Ein einsamer Kleiber ruft aus dem Geäst rechts über mir, lenkt mich kurz ab. Sehen lässt sich die muntere Spechtmeise aber nicht. Und dann ist das Stück, das meinen Puls kurz beschleunigte, wieder weg, einfach verschwunden, in welche Richtung es fortgezogen ist, wird mir ein Rätsel bleiben.

Der erhoffte Methusalem lässt sich nicht blicken.

Während ich überlege, wo er sich rumtreiben könnte, wechselt ein guter Hirsch mit stark nach innen gedrehten Schaufeln an, plätzt, forkelt das Erdreich mit seinem Geweih, nässt in seine Brunftkuhle, lässt sich kraftlos zu Boden fallen und versucht sich aus der Entfernung an dem vielstimmigen Musical, das vom anderen Brunftplatz herüberschallt, zu beteiligen.

Ich spüre seine Anstrengungen, doch kein Laut dringt aus seinem Windfang, nur das Haupt nickt müde auf und ab, als ich ihn durch das Zielfernrohr noch einmal angesprochen habe.

Dann erscheint ein weiterer, ein schwarzer, mit einer quietschenden Stimme und stärkerem Geweih, auch er ist kaum älter als fünf Jahre, und innerhalb einer Stunde haben sich vor mir in einer Entfernung von 200 Gängen vier Schaufler niedergetan und melden fast ohne Unterlass, aber kein Zeichen von dem ersehnten Alten. Fast einschläfernd, stupide, dröhnen die Schreie in regelmäßigen Abständen rau und herrisch in fast gleicher Tonlage über drei Stunden lang zu mir her.

Fünf, sechs, vielleicht auch sieben Jahre alt mögen die Hirsche sein. In immer noch guter Kondition beherrschen sie das Geschehen auf dem Brunftplatz akustisch. Zwischendurch tummeln sich Tiere, Kälber, springt ein Knieper herum, trollen zwei Spießer in seltsam anmutenden Bocksprüngen im Zickzack davon, um wenige Minuten später an anderer Stelle wieder zu erscheinen und dann zwischen den Herren der Arena hindurch zu spritzen.

180 Meter entfernt quält sich ein Löffler über die umgefallenen Bäume, um ebenfalls am Brunftgeschehen teilzunehmen. Er schont den rechten Vorderlauf, ist aber, kaum dass ich ihn ausgemacht und die Büchse hochgenommen habe, wieder verschwunden.

Nur 30 Gänge vor mir markiert ein angehender Schaufler. Kaum ist er weitergezogen, reibt ein schwacher Spießer seine kümmerliche Kopfzier an demselben Gezweig, wild, herrisch, wütend und erregt, als sei er alleiniger Herrscher des Brunftareals.
Ich bin so gefangen von dem Schauspiel, dass ich versäume, mich umzusehen. Erst als Diva sich gespannt erhebt und nach dort blickt, wo es hinter uns im trockenen Laub raschelt und Zweige brechen, bemerke ich fünf junge Hirsche, hell und dunkel, in allen möglichen Farbvarianten. Trotzdem der Wind direkt auf sie zu zieht, wechseln sie un-

bekümmert auf 30 Gänge am Schirm vorüber zum Hauptgeschehen.
Das Schnarchen, Sägen, Rülpsen und Bellen im Süden ist weniger geworden und verstummt schließlich vollends. Nur das melodische »Klong, klong« der Kolkraben ist zu vernehmen. Noch vor wenigen Jahren waren die großen Singvögel eine Rarität in diesen Bereichen, nun haben sich die Besätze fast zur Plage für das Niederwild entwickelt.
14 Uhr. Heilige Ruhe herrscht um uns herum, kaum eine Bewegung, kaum ein Laut. Die Cervidengesellschaft hat sich in alle vier Himmelsrichtungen verzogen.

Die Hirsche gönnen sich eine Erholungspause. Ich denke an das Morgengebet bei der Birkhahnbalz, eine wunderschöne Metapher für eine ergreifende Unterbrechung des profanen Lebens.

Zähflüssig fließen die Minuten dahin, werden zu Stunden, und je tiefer die Sonne sinkt, desto seltener ist sie zu sehen, desto öfter wird sie von den belaubten Baumkronen verdeckt. Schließlich hüllt sich der Wald in diffuses Dämmerlicht, und ich verlasse meinen Erdsitz, während die Brunftsymphonie erneut einsetzt.
Auch als sich die Dämmerung sachte durch den Wald schleicht, ebbt das Rasseln und Röhren nicht ab, begleitet Diva und mich auf dem Weg zum Auto in unverminderter Lautstärke.
500 Meter vom Brunftplatz entfernt wickle ich mich in meine Wolldecke, um dem Konzert möglichst nahe zu bleiben, bei der Musik der Schaufler einzuschlafen und am

Morgen rechtzeitig wieder vor Ort zu sein und dann auf den abnormen Methusalem zu treffen.

Das Letzte, was ich gegen den mit Sternen übersäten Himmel mehr erahnen als sehen kann, bevor mir die Augen zufallen, ist, dass Diva immer noch dem gewaltigen, nicht enden wollenden Grunzen der Hirsche lauscht.

Der Mond ist fast ein halbes Mal um unser Lager auf dem Waldboden herumgewandert, die Strahlen des Erdtrabanten werden schon wieder schwächer, und der Himmel

ist bereits grau, als ich aufwache. Gespannt pirschen wir erneut zum Tiefsitz, wo uns ein vielstimmiges Orchester empfängt. Leichte Dunstschwaden wallen behäbig durch den Bestand. Als es langsam heller wird, Konturen von Bäumen und Büschen deutlicher werden, Gestalt annehmen, erhält die Natur nach der langen Nacht auch ihre Farben zurück. Immer öfter taumelt ein einzelnes, herbstmüdes Blatt zu Boden. Es werden mehr und mehr, die neben Tausenden anderen auf dem braungelben Falllaubteppich vergehenden Lebens landen und, eingebettet in das Ordnungsprinzip des Naturhaushaltes, von den anderen nicht mehr zu unterscheiden sind.

Obwohl die Temperaturen nahe dem Gefrierpunkt liegen, wollen die jungen Buchen und Eichen nicht loslassen, hält sich viel Laub trotz erster Nachtfröste noch hartnäckig an den Zweigen. Das Fallen der Blätter ist manchmal die einzige Bewegung in dem weiten Wald um uns herum.
Irgendwo warnt ein Eichelhäher. Ein Spießer verhofft 30 Gänge entfernt stocksteif und beäugt neugierig drei, vier Tiere mit ihren Kälbern. Dahinter mache ich zwei Knieper aus. 100 Meter weiter hat sich ein jüngerer Hirsch niedergetan, apathisch, erschöpft, bewegungslos, ist gegen den Dunst kaum auszumachen. Es ist kaum möglich zu bestimmen, wie viel Wild die Bühne bevölkert.

Da kracht es laut vor uns durch den Bestand. Kahlwild bricht scheinbar orientierungslos durch trockene Zweige und Äste am Boden davon, und gemessenen Schrittes ziehen zwei stärkere Rivalen aufeinander zu und senken ihre Häupter. Das Aufeinandertreffen ihrer Geweihe wird von lautem Geklapper begleitet. Sie schieben sich hin und her, vor und zurück, drehen sich dabei im Kreis, urtümlich, heftig, trennen sich kurz, um mit noch mehr Energie wieder prasselnd aufeinander zu stoßen, ein imponierender, kraftstrotzender Kampf, doch es währt nicht lange, bis sich die Kontrahenten wieder zu ihren Brunftkuhlen zurückziehen.
Viel weiter links haben sich zwei weitere Hirsche etabliert. Ich registriere es erst, als auch von dort rasselnde Schreie kommen. Nach einigem Spekulieren mache ich zwei gute Stangenpaare über dem hellen Gras aus. Die beiden haben sich ebenfalls nieder getan, melden ohne Unterlass.

Mittlerweile beteiligen sich mindestens fünf Schaufler an dem gewaltigen musikalischen Schauspiel. Der Wald ist förmlich in Aufruhr geraten. Der erhoffte Alte ist aber nicht dabei.
Wieder hat sich ein Hirsch angeschlichen, ohne dass ich sein Kommen bemerkt habe, und stimmt in den rasselnden Rülpswettbewerb ein. Auch er hat das Zielalter noch nicht erreicht. Dann tritt für eine Viertelstunde Ruhe ein, die starken Hirsche gönnen sich eine Pause, haben sich nieder getan, rufen nur noch sporadisch teilnahmslos, apathisch in ihren Brunftkuhlen. Ab und zu erkenne ich ein sich auf sicherndem Haupt bewegendes Schaufelpaar.

Dann hallt wieder donnerndes Rülpsen durch den Eichenwald, krachen Geweihe kämpfender Kontrahenten aufeinander. Ein mittelalter Hirsch mit ungewöhnlich ausgeprägten Krebsscheren zieht vorüber. Einen Knieper, dessen Geweih mehr dem eines Rothirsches als dem eines »Dama dama« ähnelt sowie einen im Wildbret auffallend schwachen Fünfjährigen mit abgebrochener Schaufel spreche ich in dem Gewusel aus Wildkörpern aller Couleur, aus roten, schwarzen und weißen Hirschen, an. Aber entweder haben sich die Hirsche niedergetan oder sind ständig in Bewegung. Glaube ich, einen schussbaren, starken ausgemacht zu haben, ist er schon bei dem Gedanken, die Laufmündung in seine Richtung zu richten, wieder zwischen den vielen dünnen Eichenstämmen verschwunden oder verdeckt.

»Sie entsprechen dem Hegeziel«, beschreiben Damwildpäpste solche mittelalten Hirsche. Ich grübele kurz über die Bezeichnung nach. Das Hegeziel ist in diesem überbesetzten Revier längst erreicht, übererfüllt, Reduktion ist unerlässlich. Doch da ist ja noch der imponierende Alte, der Uralte, den wir am Anfang unserer Jagd gesehen hatten, er ist bereits weit über das »Hegeziel« hinausgeschossen.

Vielleicht überlebt er bis zum nächsten Jahr, bis ich wieder in dieses Paradies der Schaufler komme.

Gänsesegen

Mit dem Wetter verhält es sich ähnlich wie mit dem Glücksspiel: Es ist immer für Überraschungen gut, nur in den seltensten Fällen sicher im Voraus zu bestimmen und letztendlich sind die Auswirkungen auf unsere gesamte Volkswirtschaft gigantisch. Brauereien und Eisfabriken sind abhängig davon, genauso wie die Qualität des Weines und die Ernte der ohnehin schon gebeutelten Bauern. Nicht zuletzt enden Glücksspiel und Wetter mitunter in einer Katastrophe.

Der preußische Generalmajor, Heeresreformer, Militärwissenschaftler und -ethiker Carl Philipp Gottlieb von Clausewitz, der das Kriegführen zu einer Wissenschaft gemacht hat und nach dessen Buch »Vom Kriege«, eines der am weitesten verbreiteten Bücher der Erde, noch heute auf Militärschulen gelehrt wird, behauptet in eben diesem Werk, dass das Wetter auch in die genialsten strategischen Pläne ein Element des Zufalls einführt.

Viele Strategien, die für Feldherren gelten, sind auch für Jäger gültig, und was das Wetter betrifft, ganz besonders für Gänsejäger. Ist der Himmel wolkenlos klar, streichen die Vögel meistens sehr hoch, unerreichbar für die Schrote. Ist es hingegen bewölkt oder diesig, kommen sie dem lauernden Jäger oft niedrig und sind dann einfacher zu überlisten. Tiefhängende Wolken, Wind, Nebel und Nieselregen sind ideale Voraussetzungen für erfolgreiche Gänsejagden.

Seit einer Woche hatte das Wetter Kapriolen geschlagen. Offenbar war dadurch auch der Lebensrhythmus der Wildgänse durcheinandergeraten, mal strichen die großen Flüge von Ost nach West, dann wieder zogen die keilförmigen Formationen in umgekehrter Richtung.
Dann hatte Petrus zwei Tage lang besonders gutes Wetter beschert. Ein Hoch sorgte für Sonnenschein und klare Nächte. Die Gänse waren unerreichbar hoch geflogen, ich kehrte morgens und abends, erfüllt von stimmungsvollen Sonnenauf- und -untergängen, aber ohne einen Schuss abgegeben zu haben, ohne Beute mit meinem Hund vom Gänsestrich zurück.
Endlich das angekündigte Tief, zum Leidwesen der Urlauber, zum Segen für die Landwirte und voller Hoffnung für mich. Schwierig zu beurteilen, wer sich mehr freute, meine Hündin oder ich.

Bis die ersten lauten Vogelstimmen den nahenden Morgen ankündigen und die Sonne aufgehen wird, wird gewiss noch eine halbe Stunde verstreichen. Doch schon ruft ab und zu zaghaft eine Wachtel, meldet sich eine Lerche, und ganz allmählich wird es dämmeriger. Ich habe mich wieder am Feldrain tief in einen wahren Brennnesselwald geduckt und warte auf die zahlreichen Graugänse, die in den letzten Tagen vor mir auf der Saat eingefallen waren.
Meine Hündin sitzt wie aus Erz gegossen neben mir, starrt ebenfalls nach oben. Ein herrliches Bild. Nur leises, zuckendes Muskelspiel verrät, dass Leben in diesem Hundekörper steckt.
Weit, sehr weit entfernt, höre ich Gänse vorüberstreichen, links von uns, dann rechts, es sind zahlreiche Flüge unterwegs, ich kann aber noch keinen Vogel erblicken. Noch reicht das Licht nicht aus, und als ob sie unsere Anwesenheit ahnen, meiden sie die hohen Brennnesseln. Ich starre buchstäblich ins Leere.
Immer, wenn ich das faszinierende Geschrei vernehme, drücke ich mich noch tiefer auf den Erdboden, versuche, die Deckung des grünen Staudengewirrs noch besser zu nutzen, aber immer wieder entfernen sich die heiseren Schreie, und ich richte mich enttäuscht wieder ein wenig auf, um meinen schmerzenden Rücken zu entlasten. Meine Hündin sieht die Angelegenheit entspannter, bis ihr Körper wieder zu zittern beginnt, ich an ihrem starren Blick in den verhangenen Himmel merke, dass sich ein weiterer Flug nähert.

Die »intelligenten« Vögel verbringen die Nacht nicht auf ihren Äsungsplätzen. Wahrscheinlich sind es Misstrauen, schlechte Erfahrungen mit Raubwild oder Menschen, die von einer Gänsegeneration an die nächste weitergegeben werden, jedenfalls streichen sie normalerweise zum Schöpfen kurz vor Einbruch der Dunkelheit zum (Süß)Wasser, verbringen dort die Nacht, um zu ihren Weideplätzen und Tageseinständen zurückzukehren, wenn es am folgenden Morgen wieder hell wird. Dabei halten sie meistens die gleichen »Luftrouten« ein. Eine dieser Routen führte in den letzten Tagen über die Brennnesselwildnis, in der ich mich nun mit meinem Hund verberge.

Und auf einmal sind sie da. Die Luft ist erfüllt von aufgeregtem, heiserem, krächzendem Geschrei aus unzähligen Gänsekehlen. Die schrillen Rufe werden deutlicher, lauter, kommen stetig näher, faszinieren, gehen unter die Haut, beschleunigen meinen Pulsschlag. Aber es ist noch zu dunkel, als dass ich die majestätischen Vögel klar erkennen kann. Meine suchenden Blicke wandern immer wieder zum bedeckten Himmel, versuchen, die tiefhängenden Wolken, hinter denen sich die Langhälse größtenteils verbergen, zu durchbohren, aber es sind lediglich Schatten, Schemen, dunkle Flecken, die ich wahrnehme. Doch dann erscheint weit entfernt ein grauer Schleier in der Luft und entpuppt sich als ein großer keilförmiger Flug. Stetig kommt er näher, wird langsamer, kreist viel zu weit für einen sicheren Schuss und fällt schließlich am anderen Ende des großen Feldes ein. Gut 300 Meter entfernt erkenne ich 40, 50 oder mehr Gänse auf der Saat. Aufmerksam sichern sie, aber bald verschwindet ein hoch aufgerichteter Hals nach dem anderen, und bis auf einige Wächter beginnen die Vögel unbekümmert zu äsen.

Ich habe mich noch fester auf den Boden gepresst. Den Mantelkragen hochgeschlagen, den breitkrempigen Hut tief ins Gesicht gezogen, linse ich durch das grüne Gestrüpp und harre auf weitere Flüge. Die bei der Gänsejagd unverzichtbaren Handschuhe und ein Mückenschleier verbergen meine hellen Hautpartien. Sagt man dem Birkhahn und dem Ringeltauber nach, sie hätten auf jeder Feder ein Auge, so gilt für Wildgänse wohl, dass sie mindestens zwei auf jeder Feder haben. Der Hund liegt unbeweglich neben mir. Auch für das schärfste Gänseauge müssten wir fast unsichtbar sein. Die törichte Redewendung »dumme Gans« ist wahrscheinlich menschlicher Überheblichkeit entsprungen, grübele ich. Gänse sind intelligente, wachsame Vögel, wie schon ihre Funktion als Wächter des Kapitols im alten Rom belegt.

Die Dämmerung ist nun völlig verflogen, der milchig rote Sonnenball erscheint am Horizont, und mit zunehmendem Tageslicht streichen immer mehr Gänse herbei, kreisen erst in beträchtlicher Höhe, schrauben sich tiefer und fallen unter lebhaftem Geschnatter neben ihren Artgenossen ein. Die großen Flüge heben sich gegen den grauen Himmel mit vereinzelten, rötlichen und blaugrauen Wolken als scharfer Kontrast ab. Beeindruckend das Bild der riesigen Formationen der grauen Flieger am Himmel. Schrille Schreie künden immer neue Flüge an, und sie alle werden während der Landung lärmend begrüßt, dass die grellen Rufe mitunter wie schmetternde Fanfaren klingen.

Der schwerfällig, ja mitunter mühsam wirkende Schwingenschlag der großen Vögel täuscht einen langsamen, trägen Flug vor, doch liegt die mittlere »Reisegeschwindigkeit« einer Graugans bei 80 Kilometern in der Stunde und ist somit mehr als doppelt so schnell wie beispielsweise aufstehende Rebhühner. Deshalb gilt besonders auch für Gänse: In den allermeisten Fällen werden sie hinten und nur sehr, sehr selten vorne vorbeigeschossen. Außerdem werden sie oft zu weit beschossen, nur von Randschroten getroffen und verludern. Eine alte Jägerweisheit sagt: »Man muss die Latschen der Gans erkennen!« Im Klartext heißt das, weit vorzuhalten oder vorzuschwingen, auf Kopf oder Hals reicht nicht aus. Auch sind die Vögel tunlichst von hinten zu beschießen. Sonst hört man die Schrote auf den harten Schwingen klappern, während die beschossene Gans (fast) unversehrt weiterstreicht. Dubletten gelingen einfacher, wenn man als Erstes einen im Verband hinten streichenden Vogel schießt und dann mit der Flintenmündung weiter nach vorne schwingt, weil man die fließende Bewegung von Körper und Gewehr nicht zu unterbrechen braucht.

All das geht mir durch den Sinn, als die vielen graubraunen Vögel in sicherer Entfernung von mir das sprießende Grün äsen und ich aus meiner Deckung heraus zu ihnen hinüberstiere. Mehrere Wächter sichern ständig, und ich wage kaum, den Kopf zu heben. Durch Äsen, Treten und Gestüber haben die Gänse in den letzten Tagen bereits beträchtliche Schäden hinterlassen, und angestrengt denke ich über eine Strategie nach, wie ich die Vögel überlisten kann.
In der Ferne rattert ein Traktor. Das Geräusch kommt näher, und ganz plötzlich stehen unerwartet einzelne Gänse auf, größere Gruppen folgen, und schließlich flattern hunderte von Gänsen über dem Acker. Sie sind durch den heranbrausenden Traktor in

ein scheinbar heilloses Durcheinander geraten. Die vielen, vielen Rufe vereinigen sich zu einem grandiosen Tosen. Die Luft ist erfüllt von kehligem Krächzen und heiserem Kreischen, schwerfälliges Schwingenschlagen wird abgelöst von hektischem Rudern, das in ruhigeres Gleiten übergeht, wenn die großen Vögel genügend Höhe gewonnen haben, sich wieder ordnen und wie schwankende Bänder am Himmel, in den ihnen eigenen Formationen in alle vier Himmelsrichtungen davonstreichen.

Da zieht eine Schar auf mein Versteck zu und ist im Nu kaum 20 Meter über mir. Im Aufspringen krachen schnell hintereinander zwei Schüsse. Mit dumpfem Plumps landen zwei Graugänse auf der Erde. Während ich nachlade, sinke ich wieder in mich zusammen, bedeute dem Hund, ebenfalls in Downlage zu gehen, und erneut werden wir beide Eins mit dem Bewuchs. Gleich darauf streicht ein weiterer Flug ganz nahe über uns hinweg, und wiederrum springe ich auf. Die mächtigen Flieger versuchen sofort an Höhe zu gewinnen, doch zu spät. Noch einmal fallen zwei Schüsse, eine Gans kippt nach rechts, eine nach links, dann fallen beide wie Steine zu Boden.

Mit schrillem Geschrei steigt der Rest des Fluges erschreckt steil in die Höhe und ist längst in Sicherheit, als ich nachgeladen habe. Es tritt wieder Ruhe ein. Auch der Trecker ist verstummt, ohne ihn wäre ich wahrscheinlich wieder ohne Beute heimgekehrt.

Foto: Marco Schütte

Im Heiligtum der Hirsche

Morgens und abends hatte ich drei Tage lang bis in den frühen Vormittag und bis spät in die Nacht verhört, aber kein Hirsch hatte gemeldet, kein Rotwild war auf die großen Wiesen ausgetreten, das riesige Revier erschien wie ausgestorben. Mittags zeigte das Thermometer 28 Grad an. Dann wurde es über Nacht kalt, mit den fallenden Temperaturen stieg die Hoffnung, und der Bann war gebrochen, die »Könige der Wälder« meldeten.

Mit Christian, meinem masurischen Jagdführer, pirsche ich in aller Herrgotts Frühe wohl zwei Kilometer durch pitschnassen Sumpf zu einer mächtigen Kiefer am Rand der Wiese, auf der mein Freund das Rudel mehrfach beobachtet hat.

Am Anfang hatten sie mich überhaupt nicht gestört, ich hatte die Heerscharen von Mücken und Hirschläusen kaum bemerkt, aber nun werden sie trotz Kühle und Feuchtigkeit von Minute zu Minute lästiger, finden, obwohl ich Schleier und Handschuhe trage, ihren Weg auf meine nicht bedeckten Hautstellen, beißen, krabbeln, kitzeln und stechen. Ich habe das Gefühl, sämtliches Ungeziefer der Umgebung hat sich zusammengefunden, um mir das Leben schwer zu machen, doch ich lasse sämtliche Qualen über mich ergehen, denn sonst wäre all die Mühe, die wir in der totalen Dunkelheit auf unserem mühseligen Marsch durch die unwegsame Erlenwildnis auf uns genommen, all der Schweiß, den wir vergossen haben, umsonst gewesen.

Das Rudel ist noch nicht in den Tageseinstand zurückgezogen, fast zwei Stunden lang beobachten wir es im Dunst der anbrechenden Dämmerung. Allmählich wird es heller, dann legt sich dichter Nebel schützend über die große Fläche. Man erkennt nur noch Schatten und Schemen, aber das Licht reicht, um den Hirsch anzusprechen. Wir hatten schließlich zwei Tage vorher ausreichend Zeit gehabt, ihn als ungeraden 18-Ender einzustufen, glauben, alle Einzelheiten seines gewaltigen, weit ausgelegten Geweihs zu kennen, schätzen sein Alter auf über zehn Jahre. Nun brunftet er, für einen weidgerechten Schuss wieder zu weit, über 150 Meter entfernt und ist ständig in Bewegung. Schließlich verlässt das Rudel die Wiese und verschwindet im schützenden Kiefernwald.

Nachdem eine Viertelstunde lang kein Hirsch mehr meldet, die tanzenden, dichten Nebelschwaden um uns herum die einzigen Bewegungen sind, dröhnt Sprengruf aus dem Bestand. Christian tippt mir auf die Schulter, springt auf und eilt nach einer nickenden Kopfbewegung in Richtung Brunftgeschehen davon.

Diesmal bin ich froh, einen Begleiter neben mir zu haben. Er kennt sein Revier, kennt Suhlen, Äsungsplätze sowie Einstände in- und auswendig und kennt ganz besonders die Gewohnheiten »seiner« Hirsche.

Die hohen Kulturzäune, an denen wir entlang traben und die von dem (Rot)wild-Reichtum in diesem Revier zeugen, sind von wilder Klematis und Hopfen überwuchert, das Drahtgeflecht wird durch die Last der Ranken bis auf den Boden gedrückt.

Schnell wird es heller. Die Sonne, im Hochwald noch nicht zu spüren, hat sich bereits über den Horizont erhoben, nicht mehr im Osten, sondern, jetzt im September, im Südosten, und verzaubert den in lichte Nebelschwaden eingehüllten Morgen. »Warum sagt man, sie wandert westwärts?«, grübele ich, »schließlich zieht ja die Erde nach Osten«. Breite Strahlen, in die sich sanfte Dunstschleier hineinweben, dringen zaghaft durch die

Kronen der dunklen Kiefern. Spinnennetze schimmern silbergrau zwischen den höchsten Spitzen der Brennnesseln. Es riecht nach Moder. Kraniche rufen. Die braunen Blätter der Birken werden zur leuchtenden goldenen Kulisse, und die unterschiedlichen Farben und Färbungen verwandeln den Wald in einen Lebensraum voller Geheimnisse, in ein Reich der Nymphen, Kobolde, Trolle und Elfen.
Da meldet der Hirsch wieder. Geräuschlos, immer wieder den Wind prüfend, nähern wir uns vorsichtig dem Rufenden. Plötzlich schimmert es hirschrot zwischen den weißen Birkenstämmen. Kaum zwanzig Gänge entfernt äsen zwei Tiere mit ihren Kälbern. Spannende fünf Minuten vergehen, bis wir auch den fünfzig Gänge vor uns fortziehenden Platzhirsch ausmachen. Das Kahlwild schließt sich an und zieht eilig hinterher zu seinem Tageseinstand. Wir versuchen zu folgen, aber der Abstand wird schnell größer, und dann ist das Rudel zwischen den hohen Brennnesseln verschwunden. Nur ab und zu erscheint ein Träger oder Haupt über dem grünen, glänzenden Blättergewirr und taucht wieder unter.
20 Gänge links erhasche ich eine weitere Bewegung. Ein Spießer erhebt sich in dem Gewirr aus verdorrten Stauden und Blättern, schüttelt sich und ist sekundenlang von einer sprühenden, blitzenden Wolke aus feinen Wassertropfen umgeben, die aus seiner Decke stiebt. Vor den jungen Hirsch schiebt sich ein Schmaltier, dahinter erscheint ein Kalb.
Über dem Meer von Brennnesseln liegt ein sonderbarer Glanz und verleiht der Umgebung eine feierliche Stimmung. Weiße Dunstschleier spielen mit dem Sonnenschein und glitzernde Tropfen reflektieren das funkelnde Licht in den dünnen Zweigen der schlanken Bäume. Ab und zu taumelt ein nasses goldgraues Blatt zu Boden oder segelt zwischen den Stämmen dahin.
Die seltsame Beleuchtung, das Spiel des Lichtes mit den Schatten und Farben vermittelt dem Wald etwas Weihevolles, Mystisches. Andachtsvoll genießen wir das friedliche Geschehen, während sich das Rudel entfernt, uns keine Chance gibt, unbemerkt näher zu kommen.
Erfüllt schlendern wir durch ein Meer verblühter Weidenröschen zum Auto zurück. Fröhliche, unbeschwerte Sommerfarben sind denen der Trauer, der Vergänglichkeit gewichen. Was muss dies im Sommer für ein bezaubernder Anblick gewesen sein. Nun vergeht alles. Dunkel, drohend, schwarz wirken die absterbenden Strünke.
Dort, wo an der zugewucherten Fläche kaum höherer Bewuchs steht, hat sich ein fast undurchdringlicher Horst Goldraute ausgebreitet. Kontrastreich leuchten die noch gelben

Blüten und haben unterschiedliche Schmetterlinge angelockt, die über diesem Garten Eden dahingaukeln. Ein wahrhaft prachtvolles Bild in dem schattigen Bestand.
Am Nachmittag pirschen wir wieder an den Gattern vorüber, bis Christian an einem Kahlschlag stoppt und die Fläche ableuchtet. Während ich den würzigen Kiengeruch eines Kiefernpolters mit frisch gesägten Drei-Meter-Abschnitten einatme, wird er sehr lebhaft und zeigt zu einigen dürren Fichtenkronen auf dem Boden. Kurz darauf nehme ich zwischen den trockenen Ästen und Zweigen eine Bewegung wahr. Durch das Glas erspähe ich ein Stück Rehwild. Christian wird immer aufgeregter und ich erkenne den Grund: ein Bock mit leuchtend weißem Grind und einem Gewirr von Enden zwischen den Lauschern. Bewegungslos äugt er zu uns her und wir starren ebenso reglos zu ihm. Während mein Begleiter, das Glas vor den Augen, unser Gegenüber mustert, bewege ich mich im Schneckentempo, geduckt zu dem fünf Meter entfernten Holzhaufen. Da beruhigt sich der Abnorme und verschwindet gemächlich hinter einer Insel aus Birkenanflug. Als er auf der anderen Seite wieder erscheint, schieße ich.
Große Freude über unerwartetes wie ganz besonderes Waidmannsheil: ein vorher nie gesehener Bock mit einer schwachen Sechserstange auf der einen und fünf Enden auf der anderen Seite.
Als Christian ihn aufgebrochen und seine Hände mit Gras notdürftig gesäubert hat, schrecken wir auf: Der leichte Ostwind weht den Schrei eines Hirsches zu uns herüber. Der Hirsch steht noch im großen Bruch, über einen Kilometer entfernt, wo wir ihn am Morgen vorhatten. Ein Blick zur Uhr: Sie zeigt 17.00 Uhr an. Wir müssen uns beeilen. Eilig ziehen wir unsere Beute an den Rand des Kahlschlags, hängen sie in eine junge Birke und wandern schnellen Schrittes in die Richtung, aus der der Hirsch meldet.
Es fällt mir schwer, mit dem Tempo meines 40 Jahre jüngeren Begleiters mitzuhalten. Er nimmt keine Rücksicht auf mein Alter, merkt nicht, dass ich keuchend zurückbleibe, hundert Meter hinter ihm her schnaufe und sich die Entfernung zwischen uns schnell vergrößert.
Auf einem Gestell im Kiefernaltholz wartet er endlich, und wir lauschen in die endlose Weite der ostpreußischen Kiefernwälder. Der Hirsch meldet erneut. Wir haben uns ihm bereits ein beträchtliches Stück genähert und müssen uns nun behutsamer weiterbewegen, kommen aber auf dem breiten Sandweg bis zu dem viele Hektar großen Sumpfgebiet, dem Tageseinstand des Brunftrudels, geräuschlos vorwärts. Am Rand stehen dreißig bis vierzig Zentimeter hohe Parasolpilze und Heide blüht noch in voller Pracht.

Leises Knören lässt uns erneut innehalten. Es folgt ein minutenlanges, angespanntes Lauschen. Kein Ton ist zu vernehmen, kein Brechen, kein Stangenschlagen, überhaupt kein Geräusch. Der Sumpf schweigt. Mein Puls beruhigt sich langsam. Behutsam schleichen wir weiter bis zu einem ausgetrockneten Wechsel, der den Weg kreuzt und durch den angrenzenden Entwässerungsgraben ins Moor führt. Ein Sprung über das Wasser, und wir befinden uns im Heiligtum der Hirsche. Vertrocknete Irisstauden an der Böschung zeugen von vergangener Farbenpracht hier im Dämmerlicht des Waldes.
War die Pirsch auf dem Weg ein erholsamer Spaziergang, wird der Gang durch das Moor nun zu einer Tortur. Wir müssen von einer Bülte zur nächsten springen, kommen zwar zügig voran, aber es ist kräftezehrend und laut. Wir stapfen durch tieferen Sumpf oder kleine Wasserlachen, trotz aller Vorsicht sind Geräusche nicht zu vermeiden. Noch wird der Hirsch uns kaum vernehmen, trotzdem ist größte Vorsicht geboten. Um halbwegs unbemerkt vorwärts zu kommen, bewegen wir uns schließlich im Zeitlupentempo.
Und dann lässt mich ein zorniger Schrei aus der grünen Wildnis zusammenfahren. Mit dem Glas versuche ich Wild zwischen den dünnen Erlenstämmen zu erspähen – erfolglos. Weiter geht es.
Die Baumkronen werden lichter. Wo Sonne bis auf den Boden dringen kann, steht Schilf, und im Übergangsbereich wiegt sich hohes Pfeifengras hin und her. Und dann zwingt uns eine fast hundert Meter lange Insel aus Gagelstrauch, wie Hermann Löns den Porst nannte, zu einem Umweg.
Wieder fährt mir ein ziemlicher Schreck in die Glieder. Links vor uns, 50 Meter entfernt, bricht und planscht es, springt Wild ab, doch keine Bewegungen sind in dem Gewirr aus Weiden, Schilf und Brennnesseln zu erhaschen. Nur das Gehör bestätigt, was unseren Blicken verborgen bleibt.
Sporadisch brummt der Hirsch nun immer vom selben Ort. Offenbar hat er sich niedergetan.
Christian, das Glas vor den Augen, steht neben mir und zischt unerwartet, fast unhörbar. Ich folge seinem Blick, entdecke aber nichts Außergewöhnliches. Erst als ich durch mein Fernglas starre, mache ich über hohen Brennnesselstauden die rot-braune Rückenlinie von einem Stück Wild aus. Nur ein schmaler Strich ist zu erkennen, der auf der grünen Mauer dahin zu treiben scheint und verschwindet.
Wieder und wieder leuchte ich unser Umfeld ab. Plötzlich habe ich das Haupt eines Alttieres im Glas. Weniger als 40 Gänge entfernt erkenne ich, wie ein Grasbüschel unter den

kauenden Bewegungen des Unterkiefers langsam im Äser verschwindet. Als das Stück wieder in die Stauden eintaucht, erscheint zwanzig Meter weiter rechts ein weiteres, helleres, fast weißes Haupt. Ein uraltes Tier, das vertraut in die Runde äugt, nicht ahnend, wie nah die tödliche Gefahr lauert. So misstrauisch und ruhig wie es auf den freien Flächen ist, so unbekümmert verhält es sich hier in seinem Tageseinstand.
Wir sind auf drei Seiten von dem Rudel umkreist, stehen wohl eine Viertelstunde im Sumpf, und wagen nicht, auch nur die kleinste Bewegung zu machen.

Da reißt uns wütender Sprengruf aus unserer Starre. Fünfzig Gänge links bricht ein Stück Rotwild vorüber, es folgt ein stärkeres, dunkler gefärbtes: Der Platzhirsch treibt ein Tier oder vertreibt einen Rivalen. Im Nu ist der Spuk wieder verschwunden, doch während ich noch den Atem anhalte, kommt der Hirsch zurück. Nur sein mürrisch wirkendes Haupt ist über den Brennnesseln zu sehen, alles andere von ihm bleibt verdeckt. Die mächtigen Becherkronen und die enorme Länge der Augsprossen fallen sofort ins Auge: Der ungerade 18ender. 30 Gänge entfernt »schweben« die gewaltigen Stangen über den Bewuchs dahin. Ich glaube, den Atem des Alten zu spüren. Schon ist er verschwunden. Zwei-, dreimal bricht es noch, dann scheint wieder tiefer Friede über Moor und Heide zu liegen.
Gespannt führe ich mein Ochsenhorn vor die Lippen, schreie dem Alten hinterher, ohne größere Hoffnung, dass er reagiert. Aber kaum ist mein Ruf verklungen, steht der Hirsch frei und breit am Rande der Schilfinsel, fällt nach kurzem Sichern in schaukelnden Trab, kommt schreiend näher und verhofft 20 Gänge vor uns, verdeckt durch Schilf und Weidengestrüpp. Nur Haupt und Geweih sind zu erspähen. Die Lichter sind starr auf uns gerichtet. Reglos, mit angehaltenem Atem wagen wir nicht einmal mit den Augenlidern zu blinkern. Mein Ochsenhorn halte ich immer noch vor meinem Mund. Die kleinste Bewegung würde den alten Recken abspringen lassen. Nach einer endlos langen Minute hebt unser Gegenüber sein Haupt, legt das Geweih nach hinten, ein lang gezogener Schrei in unsere Richtung, eine langsame Wendung, kaum hörbares Knistern und Rauschen, und er ist wieder unsichtbar. Nur scharfe Brunftwitterung bleibt in der Luft zurück.
Wahrscheinlich hätte ich ihn durch Mahnen noch einmal zum Verhoffen bringen können, aber ich bin zu erregt und hätte trotz der geringen Distanz wohl auch keinen sicheren Schuss angebracht.
Noch fasziniert von der nahen Begegnung flüchtet ein anderer Hirsch vorüber und dann trollt ein junger Achter auf uns zu, verhofft, wirft sich herum, als er die beiden Gestalten eräugt und prescht krachend davon.

Vor Aufregung haben wir nicht wahrgenommen, dass das Kahlwild weitergezogen war, hatten alles andere um uns herum vergessen. Da meldet der Alte hundert Gänge entfernt erneut. Als er auf meine Antwort nicht reagiert, folgen wir so schnell es der sumpfige Untergrund und der hohe Bewuchs zulassen. Der Untergrund wird trocken. Erlenblätter rascheln verräterisch unter den Schuhsohlen, so sehr wir uns auch bemühen, leise aufzutreten. Plötzlich wird das grüne Dickicht lichter. Wir können 70, 80 Meter weit sehen, aber kein Wild ist zu erblicken.

Links meldet eine andere Stimme und urplötzlich erklingt weiter entfernt der Bass des 18-Enders. Unsicher blicke ich zu Christian. Der zuckt mit den Schultern und langsam marschieren wir auf das Konzert zu, das sich in kaum verminderter Lautstärke von uns fortbewegt. Weit kommen wir nicht. Kahlwild zwingt uns zu einem ungewollten Halt. Während ein Kalb und ein Schmaltier vertraut äsend fortziehen, wirft das Alttier auf und sichert in unsere Richtung. Wieder verharren wir wie die sprichwörtlichen Salzsäulen, doch zu spät. So unerwartet, wie die Drei aus dem Nichts erschienen waren, so sind sie auch wieder verschwunden. Trotzdem rühren wir uns fünf endlos lange Minuten nicht von der Stelle, bevor wir uns, stets darauf gefasst, dass Wild in der Nähe auftaucht, weiter vorarbeiten. Alle zehn Schritte eine Pause einlegend, nähern wir uns dann wieder dem Brunftgeschehen.

Fast zwei Stunden sind wir bereits in dem »Urwald« unterwegs und die Anstrengungen unseres Marsches machen sich in Armen, Beinen und im Genick bemerkbar. Da habe ich knapp hundert Meter vor uns ein Geweih im Glas, dunkle, dünne Stangen, in einer Krone zähle ich vier kurze Enden, bevor der Jüngling sich weiteren Ansprechkünsten entzieht.

Wieder stoßen wir auf eine breite Porstfläche. Dort halbwegs lautlos einzudringen ist schier unmöglich, doch auf eben dieser Fläche brunftet unser Hirsch. Seine charakteristischen Becherkronen erscheinen hin und wieder über dem Bewuchs, ab und zu erkenne ich die Rückenlinie eines Tieres, dem dichtauf der Hirsch folgt. Keine Chance näher zu kommen, keine Möglichkeit für einen sicheren Schuss, obwohl das Wild mitunter nur 50 Meter entfernt ist. Mein leises Mahnen und Knören zeigen keine Reaktionen. Machtlos beobachten wir, wie das starke Geweih über den Stauden dahinschaukelt, ab und zu Rücken oder Haupt eines Stück Kahlwildes erscheinen, auch ein anderer junger Hirsch beschleunigt unseren Puls, aber dann wird es ruhig, immer seltener ertönt ein Schrei, kein Haupt taucht mehr über dem Porst auf, das Wild hat sich zum Wiederkäuen und Ruhen niedergetan. Nach einer weiteren halben Stunde ziehen wir uns beglückt und erschöpft zurück.

Am Nachmittag schleichen wir wieder in das Sumpfgelände bis zu einer Stelle, wo nur wenige Bäume stehen, kaum Schilf wächst, keine Brennnesseln und Büsche die Sicht behindern. Hinter einer buschigen, noch dicht belaubten Weide finden wir Deckung und hoffen, das Rudel zieht hier am Abend auf gute Schussdistanz zu den Äsungsflächen vorüber.
15 Uhr, das Büchsenlicht wird gegen 20 Uhr vorbei sein, knapp fünf Stunden Vorfreude, Hoffnung, Anspannung.
Ein kleiner Vogel hüpft im Geäst einer hohen Erle herum und ist plötzlich wie vom Erdboden verschwunden. Eine große Motte taumelt vorbei. Außer Mücken und Hirschläusen sonst scheinbar keine Lebewesen weit und breit.

Nach zwei Stunden erwartungsvollen Schweigens tritt Christian immer öfter von einem Fuß auf den anderen, schaut auf seine Armbanduhr, schüttelt mit dem Kopf, hebt zum, ich weiß nicht wievielten Mal das Glas vor die Augen, schwenkt es behutsam von links nach rechts, soweit es die Anatomie seines Körpers zulässt, ohne sich auffällig zu bewegen, wendet sich dann, das Glas immer noch vor den Augen, wieder zurück und hält abrupt inne. »Hirsch« flüstert er. Ich starre durch mein Glas in die Richtung, in die der Begleiter blickt. Dort wechselt Kahlwild vertraut durch das Schilf. Fünf, sechs, sieben Stück zähle ich. Dann erscheint ein junger Sechser. Meine Hoffnung, der ungerade 18-Ender wird folgen, schwindet. Doch nachdem zwei weitere Tiere mit ihren Kälbern vorübergezogen sind, steht er vor uns. Maximal 50 Gänge trennen uns. Christian schleicht zwei Schritte vor, ich kann den Vorderschaft meiner Büchse auf seiner Schulter auflegen, da zieht der Kapitale weiter. Damit er verhofft, mahne ich, leise, dann eindringlicher. Keine Reaktion. Auch mein zorniges Brüllen beeindruckt den Hirsch nicht. Zügig folgt er dem Rudel und verschwindet im Schutz der Erlenwildnis.
Enttäuscht nehme ich die Büchse von Christians Schulter, der aufgeregt flüstert: »Wir müssen uns beeilen«, und davonstürmt. So schnell mich meine Läufe tragen, versuche ich zu folgen, bis wir wieder ein Gestell im Kiefernwald erreichen, wo ich den Freund endlich, völlig aus der Puste, einhole.
»Wild hat Hunger, Kahlwild will auf Äsungsfläche, Hirsch reagiert nicht auf Ruf, müssen hinterher«, raunt mein Begleiter.
Wir traben bis zu einer großen Wiese, die kürzlich gemäht worden war. Verstreut darauf liegen noch riesige Heuballen. Erschöpft kauern wir uns hinter einen der Rundballen

und lassen den Waldrand nicht aus den Augen. Allmählich beruhigt sich mein Atem vom schnellen Lauf, der Puls wird ruhiger.
Die Sonne neigt sich bereits dem westlichen Horizont zu, färbt den Himmel orange, dann tiefrot, und schlagartig wird es kühl. Fast unmerklich schwindet das Büchsenlicht. Der Alte meldet ab und an, aber nur sehr verhalten. Es scheinen keine Beihirsche in seiner Nähe zu stehen.
Da tritt Kahlwild aus, äst am Waldrand, wagt sich aber nicht aus dem Schatten der Bäume auf die freie Fläche.
Und dann ein Trenzer, der meinen Herzschlag im Nu wieder in die Höhe schnellen lässt. Es folgt Sprengruf. Ein Spießer trollt aus der Deckung der dunklen Kiefern, sichert zurück und zieht über die weiten Wiesen davon. Im Wald scheint nun der Teufel los zu sein. Der Alte meldet erregt, ein schwächerer Hirsch, seine Stimme klingt gedämpfter, entfernt sich, kommt wieder näher. Das Röhren tönt mächtiger, gewaltiger, aber keine Chance für uns, sich dem Geschehen zu nähern, um sich aktiv an dem Konzert zu beteiligen, unmöglich, am Kahlwild, das auf die Wiesen gezogen ist, vorbei zu kriechen. Zur Passivität verdonnert lauschen wir.
Minutenlang Stille. Dann stürmt ein, nein »mein« Hirsch zwischen das Rudel und bedrängt ein Tier. Das flüchtet weiter auf die Wiese, der Platzhirsch verfolgt es kurz, trabt dann zu einem anderen Stück und lässt nach einigen Fluchten wieder von ihm ab. Auf der Fläche vor uns herrscht große Unruhe. Alle Tiere, denen sich der »Herr des Rudels« nähern will, nehmen Reißaus. Mindestens zehn Wildkörper in ständiger Bewegung, dazwischen ruhelos der kapitale Hirsch. Im aufkommenden Dunst scheint er über dem bräunlichen Gras wie auf einem silbernen Teppich von einem Tier zum anderen zu schweben.
Als er dann verhofft, noch einmal seine urwüchsige Kraft in den kühlen Abend hinaus brüllt, hat sich der Stachel des Zielfernrohrabsehens auf seinem Blatt festgesogen, der laute Schuss entweiht den so stimmungsvollen, unvergesslichen Abend.
110 Schritte zählt Christian, bis wir dann vor dem Gestreckten stehen. »Zwei Stunden wird es dauern, bis ich die Bringung organisiert habe«, meint er, bevor er zum eine halbe Stunde entfernten Auto marschiert.
Irgendwo schreckt ein Reh. Dunstschwaden stehen über den Gräben, Feuchtigkeit legt sich schwer auf das Gras. Ich habe genügend Zeit, vier wundervolle Tage Revue passieren zu lassen.

Vom Jagen in guter Gesellschaft

Drückjagdimpressionen

Waidgerecht trotz Waldschutzjagd

»Wir müssen das Rotwild dezimieren, schießen Sie beherzt – auch Tiere – es geht nicht mehr anders«, so die Parole. Verstohlen schaue ich mich in der Korona, die der Begrüßungsansprache des Revierinhabers lauscht, um. In manchen Gesichtern lese ich Zustimmung, Vorfreude auf ein unbeschwertes Schießevent, in anderen Nachdenklichkeit und bei wenigen Alten Unverständnis oder Ablehnung.

Ich bin nicht Jäger geworden, um Wild zu managen, sondern, um im Sinne meiner Vorfahren sauber und waidgerecht zu jagen.

Als ich es mir auf dem Ansitzbock halbwegs bequem gemacht habe, mein Hund sich unter der Leiter endlich ein Lager getreten hat und zur Ruhe gekommen ist, denke ich noch einmal über die Rede des Jagdleiters und die Freigabe nach. Da steht 40 Gänge entfernt, wie hingezaubert, ein Rottier am Erlenaltholz. Ich bemerke es nur, weil ein altes, fast weißes Haupt mit einem Mal vom Waldrand aufleuchtet. Stocksteif, keine Bewegung, nicht einmal die Lauscher spielen, starrt das Stück gefühlte drei Minuten lang direkt zu mir. Die ganze lange Erfahrung eines zehn, wahrscheinlich eher fünfzehnjährigen Rottierlebens spricht aus diesem Gesicht.

Die alte, eher uralte Dame scheint meinen Sitz zu kennen, in der Vergangenheit keine guten Erfahrungen mit ihm gemacht zu haben. Wie in Zeitlupe dreht sich das Greisenhaupt behutsam herum, äugt nach links, der ganze Wildkörper steht breit, dann ist das Tier unhörbar wieder verschwunden.

Ich hatte keine Anstalten gemacht, in Anschlag zu gehen, kam trotz der Freigaben nicht auf die Idee, die Büchse hoch zu nehmen, weil ich mir sicher war, dass es das Leittier eines Rudels war.

Während ich mich wieder entspannt zurücklehne, denke ich an eine Episode aus dem letzten Jahr, als ich ebenfalls zu einer Wildjagd in diesem Revier eingeladen war. Damals zog, kurz vor offiziellem Beginn des Treibens, 200 Meter von meinem Stand entfernt, ein wohl zehnköpfiges Rudel über den breiten Sandweg. Angeführt wurde es von einem auffallend starken Tier. Als das Treiben vorüber war, ich hatte längst entladen und wartete auf den Beamten, der mich zum Streckenplatz lotsen sollte, erschien das Rudel mit dem starken Leittier erneut am anderen Ende des Weges. Der Mann im Auto, der in dem Moment um die Ecke rauschte, hatte es gerade noch wahrgenommen. »Haben Sie das gesehen. In den letzten Jahren haben wir alle Sitze hier mehrmals wegen der alten Zicke umgestellt, und trotzdem hat uns das alte Aas wieder gelinkt«, schimpfte er.

Ich freue mich unbändig, nicht geschossen zu haben. Ob es dasselbe Tier war? Ich starre noch einmal zu der Stelle, an der es so lange regungslos verhofft hatte, aufmerksam, misstrauisch, und dann wieder verschwand, heimlich, unhörbar, wie ein Geist.

Das Gezweig der Erlen wirkt schon kahl, trotzdem wirbeln mit jeder Boe massenweise trockene Blätter von Westen nach Osten. Das Rauschen der hohen Fichten hinter mir verschluckt fast alle Geräusche, auf meine Ohren kann ich mich kaum verlassen.

Dann wird es erneut spannend. 150 Gänge entfernt zwischen den Erlen zieht ein Rottier auf uns zu. Der Wind, der direkt von meinem Bock zu ihm weht, scheint es nicht zu beunruhigen. Es folgt ein Kalb, ein zweites Tier und dann ein Schmaltier. Längst fixiere ich das kleine Rudel durch das Zielfernrohr. Dabei kommt es langsam aber stetig näher. Doch nun beginnt ein wahres Geduldspiel. Während die Tiere mitunter frei sind, stehen die anderen Stücke fast immer eng bei- oder hintereinander, so dass kein sicherer Schuss möglich ist.

Dann bleibt ein Kalb zurück. Sofort wandert die Laufmündung nach dort, doch bevor sich das Absehen auf dem Blatt festsaugen kann, trollt das Stück vor, schiebt sich hinter das Schmaltier.

Währenddessen beeilt sich das andere Kalb zu seiner Mutter aufzuschließen, doch als ich mich ihm zuwende, es im Absehen habe, verschwindet es hinter dem Leittier. Nun ist das zweite Kalb nicht mehr verdeckt. Wie in dem Kinderspiel »Bäumchen wechsle dich« geht es so in einem fort.

Inzwischen ist der Trupp nur noch 60 Gänge entfernt, ohne dass ich schießen konnte, nur eins der Tiere verhofft ab und an breit und frei. Mit jedem Meter, den sie näherkommen, steigert sich meine Nervosität, meine Spannung, mein Jagdfieber.

Dann verhofft das zweite Tier scheibenbreit und frei, während die anderen Stücke von tiefer hängenden Zweigen verdeckt sind. Doch da stoppt die ganze Gesellschaft plötzlich in einer Lücke. Am Anfang steht ein Kalb frei und bricht nach dem Schuss zusammen. Der Rest des Rudels wendet, verhofft unerwartet und äugt zurück. Wahrscheinlich ist es durch den ständigen Wind irritiert, und ich kann ein zweites Mal schießen. Das Schmaltier bricht ebenfalls zusammen, während die übrigen Stücke abermals die Richtung ändern und dann dicht gedrängt 20 Meter neben mir vorbeipreschen.

Ich habe längst wieder repetiert, verfolge die wilde Flucht durch das Zielfernrohr, bekomme aber keine Chance mehr für einen dritten Schuss, bin auch so überglücklich.

Zwischendurch habe ich über 20 Schüsse gezählt. Einige Gäste scheinen regen Gebrauch von der großzügigen wie zweifelhaften Freigabe des Jagdleiters gemacht zu haben.

Auf der Strecke liegen später fast ebenso viele Kälber wie Tiere, aber als ein junger Jäger nach dem Signal »Hirsch tot« stolz drei Brüche für drei erlegte Rottiere entgegennimmt und sich als Jagdkönig feiern lässt, steht für mich fest, dass ich das letzte Mal auf dieser »Waldschutzjagd« war.

Abblasen – Hahn ohne Ruh'

Jagdhornblasen war in meiner Jugendzeit eine Selbstverständlichkeit für junge Jäger. Am Anfang einer »Jägerkarriere« wurde man als Bläser häufiger zu Treibjagden eingeladen, und das zog, sofern man sein Instrument und die gängigen Signale beherrschte, weitere Einladungen nach sich.

Jagdhornblasen bedeutete aber in meiner Sturm- und Drangzeit, als das Horn unverzichtbares Verständigungsmittel auf Gesellschaftsjagden, noch nicht durch Tuten, Funk, Pfeifen oder Mobiltelefone verdrängt war, auch heute vergessene Signale zu beherrschen.

Mit der Verdrängung des Pless-Horns durch technische Errungenschaften hat sich auch das Repertoire der klassischen Jagdsignale verlagert.

Das Signal »Treiber in den Kessel«, nur noch nach außen zu schießen, ist nur noch wenigen jungen Jägern vertraut, weil es Kesseljagden in Deutschland kaum mehr gibt, und die Signale, denen man am meisten entgegenfiebert, »Anblasen des Treibens« und »Hahn in Ruh« werden durch die Uhr ersetzt.

»Linke Treiberwehr«, »rechte Treiberwehr«, »Hunderuf« oder »Wagenruf« werden kaum noch geblasen (und verstanden), weil sich Organisationen von Gesellschaftsjagden gewandelt haben und ein Handy schließlich bequemer zu handhaben ist.

»Das Jagdhorn klingt nur unter freiem Himmel«, habe ich gelernt. In den letzten Jahren habe ich es aber mehr zur »stimmungsvollen« Untermalung von Hegeringversammlungen und Volksfesten im Dorfgemeinschaftshaus registriert, ein freudiges »Bock tot« im einsamen Wald nur selten gehört.

Brauchtumspuristen bezeichnen das Blasen als uraltes jagdliches Brauchtum, kreieren aber gleichzeitig wenig traditionsreiche Signale und Märsche, die im Rahmen jagdlicher Öffentlichkeitsarbeit und in Form konzertaler Jagdmusik vorgeführt werden.

Die Krönung erlebte ich am Ende einer Drückjagd, als sich der selbsternannte Leiter einer bunt zusammengewürfelten Bläserschar mit einem Notenständer vor der Strecke präsentierte und, einen Taktstock in den Händen, mit erhobenen Armen den Einsatz für das Signal »Hirsch tot« gab.

Über diese Entwicklung grübele ich, nachdem ein Jagdhelfer mich und meinen Hund zu einem Drückjagdbock bringt. Nach einem Blick auf seine Armbanduhr murmelt er: »Uhrenvergleich – 8,30, in zweieinhalb Stunden, also um elf Uhr, hol' ich Sie hier wieder ab – Waidmannsheil!« und stapft eilig weiter.

Ich lege meinen Hund ab, steige die kurze Leiter hinauf, mache es mir auf dem Sitzbrett bequem und schaue noch einmal auf meine Uhr: Kurz vor neun, gleich beginnt das Treiben.

Ich bin mit meinen Gedanken allein, und die verlassen die Gegenwart, schweifen weit in die Vergangenheit zurück, zu Zeiten, als noch an- und abgeblasen wurde, stimmungsvolle Hornsignale Jagden eröffneten, leiteten und beendeten. Als sei es gestern gewesen, befinde ich mich plötzlich auf einer Treibjagd vor fast 50 Jahren.

Als erstes sollte ein Feldgehölz getrieben werden. Einen knappen Kilometer mochte es lang und um die Hälfte breit sein.

Nach der Begrüßung und dem Signal »Fürstengruß«, wurden einige Jäger mit dem Traktor an die Südseite gefahren, und während der Jagdherr und sein Sohn weitere Schützen an der Ost- und Westseite einwiesen, marschierte ich mit den Treibern zur Nordflanke, um sie dort zu verteilen und den Rückwechsel zu »verteidigen«. Außerdem hatte ich den Auftrag das Treiben anzublasen, sobald alle Treiber ihre Ausgangsposition eingenommen hatten.

Erfahrungen aus vergangenen Jahren hatten gelehrt, dass Hasen, Kaninchen, Fasanen und Co. in dem Gehölz recht fest lagen. Das Wild hatte sich an die Störungen durch Spaziergänger in diesem Umfeld gewöhnt. Die Treiber sollten deshalb, wenn sie die Südseite des Holzes erreicht hatten, nach kurzer Ausrichtung noch einmal zurücktreiben. Sobald sie dann wieder bei mir angekommen waren, sollte ich abblasen.

Eine halbe Stunde, zwei Mal 15 Minuten waren für das Treiben eingeplant. Das Signal »Hahn in Ruh«, so war es üblich, wurde von anderen Bläsern an den Flanken aufgenommen und weitergegeben. Gewiss war das nicht wirklich notwendig, aber der alte Jagdherr kam aus dem Osten. Er erzählte gern von niederwildgesegneten Gefilden in seiner schlesischen Heimat, in denen die Kessel oder Vorstehtreiben mitunter mehrere Kilometer Ausmaße hatten und er seine Hasenjagden vom Pferd aus leitete. Dort waren viele Bläser im Einsatz, weil man auf die riesigen Entfernungen die Signale sonst nicht vernommen hätte.

Als sich die Jagdhelfer postiert hatten, blies ich weisungsgemäß die Jagd an.

Die Männer verschwanden, einer neben dem anderen, in breiter Front zwischen dem dichten Gestrüpp, bald war niemand mehr zu sehen. Nur laute Rufe verrieten, wo sich die Treiberkette befand. Zwei Schüsse fielen.

Dann war offenbar Unordnung in die Reihe gekommen. Der Wind wehte das Signal »Linker Flügel« zu mir herüber. Beschwingt klang aber wenig später »Aufmunterung im Treiben« durch den Busch. Gleich darauf noch einmal, als bedurfte es einer nachhaltigen Aufforderung, aber die war gewiss nicht nötig gewesen, denn die Jagdhelfer waren noch ausgeruht und voller Eifer. Fast ohne Pause riefen sie: »Has, Has, Hepp, Hepp« oder »Hahn nach vorn'!«, manchmal auch »Achtung: Henne!«.

Es war Otto, unser Haumeister, erfahrener Obertreiber und Leiter der örtlichen Bläsergruppe, der stolz sein Können auf dem Pless-Horn zum Besten gab. Seine Begeisterung und sein Einsatz für das Jagdhornblasen übertrafen sogar seine Jagdpassion. Otto kannte »sein« Revier und »sein« Wild besser als jeder andere, aber der Jagdherr meinte, die einzelnen Treiben müsse ein Schütze an- und abblasen und hatte mich dazu auserkoren, obwohl Otto, seit vielen Jahren die graue Eminenz auf diesen Jagden, viel genauer wusste, »wie der Hase läuft« und sein Horn in der Perfektion beherrschte.

Schließlich hatten die Männer die Südseite des Gehölzes erreicht. Minutenlang herrschte Stille. Otto gab offenbar seine Anweisungen, dann hörte ich »Das Ganze« und »Treiber zurück«. Noch einmal fielen zwei Schüsse.

Die Männer und mit ihnen die begeisterten Schreie, die den wartenden Schützen flüchtendes Wild ankündeten, kamen immer näher, und schon blies Otto »Langsam treiben«. Offensichtlich hatte sich ein Gockel oder ein Mümmelmann erfolgreich gedrückt. Dann schallte es »Rechter Flügel«, und die Reihe der Jagdhelfer bewegte sich weiter auf mich zu.

Als ich im Gestrüpp aus Tollkirschen und Holunder vor mir zwei Männer ausmachte, glaubte ich, es wäre Zeit zum Abblasen, ergriff mein Horn, führte das kalte Messingmundstück, um es anzuwärmen an die Lippen, holte drei Mal tief Atem und pustete entspannt warme Luft durch das Instrument, dass es vernehmlich rauschte. Dann atmete ich ein viertes Mal tief ein und presste nun meine Lippen zusammen. Im selben Moment flüchtete ein Hase auf mich zu.

Während die Treiber wieder in jubelnde Begeisterungsschreie ausbrachen, ließ ich das Horn fallen, kurz baumelte es an der Hüfte hin und her, riss die Flinte von der Schulter, und als der Hase aus dem Bestand raste, seinen Balg auf dem Feld in Sicherheit bringen wollte, schoss ich.

In der ersten Schrotgarbe flog etwas Wolle, in der zweiten rollierte der Krumme.

Als meine Hündin ihn apportierte, öffnete ich unter den bewundernden Blicken von sechs Treiberaugen betont lässig, als sei es für mich das Alltäglichste der Welt, einen in voller Geschwindigkeit fortflüchtenden Hasen zu treffen, die Flinte, zog die leeren Hülsen aus den rauchenden Läufen, nahm die Waffe in die Armbeuge und führte erneut das Horn vor den Mund. Ich brauchte in der eisigen Luft nicht mehr mit geöffneten Lippen hindurch zu pusten, um es anzuwärmen, es war vom ersten Versuch noch warm genug, um nun das Treiben endgültig abzublasen.

Feierlich tönte es durch den Wald: »Hahn in Ruh« und noch einmal länger, eingehender, erhabener »Haaahn in Ruh«.

Zwanzig Meter links von mir stand eine Buche. Sie war nicht sehr alt für so einen Baum, 60, 70 Jahre schätzte ich, aber sein Gesicht, seine Borke, wirkte wie ein viele hundert Jahre alter Stamm, rau, zerfurcht, voller Falten, Pickel und Beulen. An einigen Stellen war die Rinde aufgeplatzt, tiefe Risse hatten sich bis in die Höhe gebildet und das Äußere dieses Naturdenkmals verunstaltet. Wind und Wetter hatten tiefe Furchen in das Äußere gegraben, Spechte in das morsche Holz Löcher gemeißelt, die Vögel und Insekten Unterschlupf boten. Die Krone war dürr und durchsichtig. Auf dem Boden verstreut lagen zahllose trockene Äste, die wiederum im Vergehen für neues Leben sorgten. Der beeindruckende Baum machte mich damals, nach der Jagd, sehr, sehr nachdenklich.

In drei Meter Höhe war ein Brett an dem Stamm befestigt, grau, verwittert, mit einer grün schimmernden Moosschicht. Vor vielen Jahren hatte man in der Buche offenbar einen Hochsitz gebaut. Die Spuren dieser Sünden starrten wie anklagend aus der Rinde: Doppelt handbreit lange, verrostete dicke Nägel.
In die Schnittstellen war Wasser gedrungen, hatte das Holz faulen lassen und gab allerlei Insekten Schutz und Fraß.
Trotz der Torturen durch Mensch und Tier, Schnee und Regen, Hagel und Sturm, stand der Baum aufrecht, kerzengerade, ungebeugt von allen Widrigkeiten der letzten Jahrzehnte.
Auf wie viele Jagden und Jäger mochte er bereits herabgeschaut, wie viele Jagdsignale gehört haben? In der Zukunft werden es gewiss weniger, überlegte ich, als ich meiner Hündin die Beute abnahm.

In Gedanken versunken, holt mich der Warnruf einer Amsel vor mir in den jungen Douglasien in die Realität zurück. Ich bin wieder auf einer Ansitzdrückjagd im 21. Jahrhundert. Ein Blick zur Uhr: Es ist gleich elf, aber ich kann das Ende des Treibens ja nicht verpassen, ich werde von meinem Stand abgeholt. Die Zeiten in denen des Hifthorns Ruf einen Jagdtag stimmungsvoll untermalte, Jäger wie Jagdhelfer über den Verlauf informierte, den fröhlichen Beginn und das unvermeidliche Ende eines Jagdtages ankündeten, sind Vergangenheit.

Die Nachsuche, die keine war

Von Albert Camus stammt der Ausspruch:

»Der Herbst ist ein zweiter Frühling, wo jedes Blatt zur Blüte wird.«

Die letzten Herbsttage haben Wald und Flur verwandelt, verzaubert – Indian Summer im Deutschen Herbst. Allen voran glänzen die Ahornbäume in unterschiedlichen Orangetönen, Birken reihen sich mit gelben Blättern ein, und Eichen beteiligen sich mit ernsteren Brauntönen an diesem Farbspektakel. Dazwischen machen, eher bescheiden, vereinzelte, noch grün belaubte Buchen auf sich aufmerksam. Doch als ich mit Diva auf dem breiten Weg Richtung Moor zu meinem Ansitzbock wandere, hat sich die Sonne, die in den vergangenen Tagen so hell und freundlich das Land und seine Bewohner verwöhnt hatte, hinter einer tief hängenden, grauen Wolkendecke versteckt. Keine Spur mehr vom Goldenen Oktober der letzten Woche.

Das Laub auf dem Boden wirkt eintönig braun, ist schwer von Feuchtigkeit und raschelt kaum unter meinen Schuhsohlen und Divas Pfoten, als wir uns dem Sitz nähern.
Als ich mein Umfeld nach allen vier Himmelsrichtungen mustere und einige Anschlagübungen mache, wabern Dunstschwaden durch den Wald und verringern die ohnehin schlechte Sicht. Die hinter mir aufwachsende 20- bis 30-jährige Kiefernschonung wurde weder schon einmal geläutert noch durchforstet. Die dünnen Bäume stehen so dicht beieinander, dass man ein Stück Wild kaum entdecken würde, wenn es weiter als 20 Gänge entfernt ist. Schussfeld habe ich nur nach vorne auf eine, von hohem Gras überwucherte Holzabfuhrschneise sowie nach links und rechts auf dem schmalen Weg, auf dem ich kam und an dem der Ansitzbock steht.
Wie begrenzt der Weg ist, wird mir nach einer halben Stunde Wartezeit bewusst. Aus 200, 300 Metern Entfernung ertönen Schreie, nachdem es bis dahin totenstill um uns herum gewesen war, Treiber rufen wild durcheinander. Diva hat sich erhoben, blickt starr in die Richtung des sich aus rauen Männerkehlen noch steigernden Tumults. Ich habe die Büchse längst fester um den Kolbenhals gegriffen und stiere ebenfalls dorthin.
Drei schwarze Sauen flüchten über den Weg, dann, dicht zusammengedrängt, Frischlinge und Überläufer jeglicher Couleur, so rasend schnell, dass es nicht möglich ist, zu schießen. In Sekunden ist der Spuk wieder verschwunden, hat sich in der Schonung hinter mir in Sicherheit gebracht, während die aufgeregten Rufe der Männer allmählich verebben.

Mir wird klar: Dies ist kein Stand für Jäger, sondern für Kunstschützen. Genaues Ansprechen, rasches Anschlagen, in Sekundenschnelle zielen, schießen und sicher treffen ist auf dem schmalen Weg nicht möglich. Jagd wird zum Schießsport degradiert. Äußerste Konzentration auf einen ganz begrenzten Bereich, der Blick für alles andere rückt in den Hintergrund, Anspannung statt Entspannung.

Wieder breitet sich Ruhe und Stille um mich herum aus. Der Dunst wird dichter, die Sicht noch schlechter. Resignierend grübele ich über den aus meiner Sicht schlechten Stand nach. Kein Schuss unterbricht meine Überlegungen. Wahrscheinlich bin ich heute nicht der Einzige, der mit den Jagdgöttern hadert.
Da kündigt ein Eichelhäher Unruhe an, ruft mich mit Gezeter aus meinen Tagträumereien zurück in die Wirklichkeit.

Diva sichert gebannt nach rechts den Weg hinunter, und wieder umfasse ich den Pistolengriff des Büchsenschaftes fester. Auf dem Weg erscheint ein junger Sechser, augenblicklich, ich habe ihn kaum durchs Zielfernrohr angesprochen, hat er den Weg überfallen, ist verschwunden, während ich die Laufmündung auf dem Wechsel gerichtet lasse, erwartungsvoll durch die Zieloptik starre und auf weitere Hirsche hoffe. Wenige Atemzüge später wechselt ein junger Achter zügig über den Weg, ihm folgt dicht auf, ein weiterer ungerader Achter, ist aber wieder auf der anderen Seite untergetaucht, bevor ich ihn anvisiert, geschweige denn, geschossen habe.

Als ich die Waffe auf die Brüstung legen will und nach der Hündin unter der Leiter linse, blickt sie in den Bestand vor mir, und scheint mit ihren Augen ganz langsam für mich unsichtbaren Bewegungen im dichten Bestand zu folgen. Kaum wahrnehmbar dreht sich ihr Kopf weiter nach links. Ich fühle, dass ich durch die Erfahrung und Aufmerksamkeit meiner vierläufigen Begleiterin wahrscheinlich eine weitere Chance bekomme, sie zeigt mir an: Die Hirsche versuchen den Sitz im Halbkreis zu umrunden, um in das knapp einen Kilometer entfernte Moor zu ziehen. Dabei müssen sie über die breite Schneise vor mir wechseln. Schon liegt die Büchse wieder im Anschlag. Fünf oder sechsmal atme ich tief durch, lasse die Schneise nicht aus den Augen, resp. dem Absehen des Zielfernrohrs, da erscheint der Sechser im Absehen, so zügig, dass ich nicht schieße. Die Laufmündung schwingt behutsam nach rechts, ich erkenne den jungen Achter durch das Zielfernrohr, wenige Lidschläge später ruht das Fadenkreuz hinter dem Blatt des folgenden Ungeraden, und ich krümme den Zeigefinger. Im gleichen Moment keilt der Hirsch hinten aus, hat im Nu mit krummem Rücken die Schneise überfallen und ist fort. Frustriert ignoriere ich die vorwurfsvollen Blicke meiner Hündin, repetiere und lehne mich ärgerlich zurück. Die morgendliche Freude auf den bevorstehenden Jagdtag weicht der Enttäuschung über den unerfreulichen Abschluss und meinen schlechten Schuss.

Bis zum Ende des Drückens muss ich noch eine Viertelstunde warten, dann gehen wir zum Anschuss. Auf goldgelbem Untergrund verweist die Hündin mehrere Tropfen Leberschweiß. Offenbar war der Hirsch kurz vor dem Schuss weitergezogen, auf jeden Fall hatte ich ihn weich getroffen.

Knapp zwanzig Meter weit lasse ich mich von Diva auf der Wundfährte in den Bestand ziehen. Alle paar Gänge zeigt sie mir dunklen Schweiß und dann etwas Panseninhalt, so-

dass ich die Suche abbreche und den Hund abtrage. Ich bin sicher, wenn ich den Hirsch krank werden lasse, wird er verendet sein, und Diva wird mich nach kurzer Riemenarbeit zu ihm führen.
Der Hirsch liegt nach kurzer Todesflucht, dessen sind sich alle anderen Jäger, mit denen ich dann beim vereinbarten Sammelpunkt zusammentreffe, sicher. An eine anstrengende Nachsuche denkt in diesem Moment niemand von ihnen.
In der Zwischenzeit soll die nächste Dickung durchgedrückt werden. Danach will ich die Korona verlassen, um die Nachsuche abzuschließen, während der Rest der Gesellschaft sich am Feuer trifft. Beim letzten Treiben des Tages, werde ich nach erfolgreicher Suche gewiss längst wieder zu den anderen Jägern gestoßen sein, hoffe ich.

Zuversichtlich trennen wir uns, ich mache mich auf zu meinem Stand am Moor, überlege noch, wie ich nach Ende des Drückens am günstigsten zum Anschuss zurückkomme, da

wechselt fünfzig Meter vor mir ein Hirsch durchs Fichtenaltholz. Ich brauche das Fernglas nicht hochzunehmen, um zu erkennen: Es ist der ungerade Achter, den ich knapp eine Stunde vorher einen halben Kilometer Luftlinie von hier beschossen hatte. Schwerfällig zieht er am Rand des Moores entlang, ohne mich wahrgenommen zu haben. Unbemerkt von dem kranken Hirsch schleichen Diva und ich zur nächsten Fichte, an deren Stamm ich die Büchse anstreichen kann.

Nach dem Schuss erscheinen mir die dunklen Bäume, die hellgrünen Moospolster, der würzige Geruch nach Harz, das leise Raunen des Windes in den Zweigen, der weiche Waldboden, auf dem Diva und ich neben dem Achter sitzen, meine ganze Umgebung, wie das Paradies, das wir alle suchen.

Rotwild, Panzer, Manöverlärm

Es knallt pausenlos, einzelne Schüsse, Maschinengewehrsalven, dazwischen donnern schwere Geschütze, Manöverlärm. Die Amerikaner üben wieder einmal den Ernstfall auf dem Truppenübungsplatz, auf der anderen Seite des riesigen Geländes, auf der zur Jagd eingeladen wurde. Die Knallerei im Südwesten ebbt ab, nimmt an Intensität wieder zu, und nach einer halben Stunde registrieren meine mittlerweile abgestumpften Gehörnerven den Krach kaum noch.

Ich sitze bei Kaiserwetter an einer der riesigen Schießbahnen. Ein Sitz mit Fernsicht. Durch mein Fernglas leuchte ich immer wieder die Umgebung ab. Stellenweise kann ich mehrere Kilometer weit sehen. Strahlend weiße Birkenstämme, über denen sich die rötlich schimmernden Kronen sanft im Winde wiegen, unterbrechen das Panorama. Die Bäume haben ihr Laub längst abgegeben, es liegt wie ein gelber Teppich auf dem Boden, aus dem hin und wieder ein paar junge Birken herausragen.
Herbstlich hellbraun leuchtendes Bentgras und dichtes, dunkelgrünes Ginstergebüsch machen mein Warten spannend. Überall kann sich Wild verbergen, und behutsam wandern meine Blicke ruhelos über die weiten Flächen.
Für viele ist der Herbst die Zeit des Abschieds und der Trauer, doch der Naturbeobachter und Dichter Fontane hat uns die Augen für die Schönheit dieser Jahreszeit geöffnet. Er hat die Grautöne des Herbstes verjagt und zeigt uns die goldenen Früchte, das bunte Laub und den lachenden Himmel.

Eine halbe Stunde mag ich angespannt gesessen, angestrengt durch das Glas gestarrt haben, da stockt mir der Atem. Was im ersten Moment wie ein großer Flug Vögel wirkte, der in meinem Blickfeld erscheint, entpuppt sich als ein Rudel Rotwild, das in der Ferne über die Fläche trollt, sehr weit, aber doch nah genug, dass ich zwischen Hirschen, Tieren und Kälbern unterscheiden kann. Erst sind es zehn Stücke, dann 20 und es werden immer mehr, bis ein oder zwei Kilometer entfernt fast 100 Stück vertraut äsen oder sich niedergetan haben. Eine Viertelstunde lang freue ich mich an der Idylle. Ein Bild des Friedens, störte nicht das unaufhörliche Maschinengewehrfeuer.
Da erscheint ein zweites Rudel, ebenso stark, und im Nu haben sich die beiden Verbände vereinigt. Um die 200 Stück Rotwild, ich fühle mich in das schottische Hochland versetzt, nur dort habe ich bis dahin solche Wildansammlungen beobachtet.
Allmählich zerstreut sich das Rudel, und ich habe Muße, einzelne Stücke anzusprechen. Zwar kann ich kein Geweih erkennen, aber wunderbare Studien zwischen alten und jungen Tieren, starken und schwachen Hirschen betreiben.
Obwohl sich mittlerweile die meisten Stücke niedergetan haben, ist immer Bewegung in dem Rudel, es ist schwierig sie zu zählen. Bin ich bei über 100 angelangt, komme ich durcheinander.
Während ich ehrfürchtig staunend durch mein Fernglas stiere, knackt es hinter mir. Zehn, zwölf Stück Kahlwild flüchten vorüber, gefolgt von vier geringen Hirschen, zu

schnell, auch wenn ich statt des Glases die Büchse in den Händen gehalten hätte, hätte ich keine Chance auf einen sicheren Schuss.
Der Spuk dauert nur wenige Sekunden, doch als ich mich wieder dem großen Rudel zuwenden will, ist es verschwunden, wie vom Erdboden verschluckt.
Noch ganz beeindruckt von dem gewaltigen Anblick lehne ich mich zufrieden zurück, zünde mir eine Zigarette an und stelle fest, während ich dem Rauch hinterherträume, dass der Wind küselt. Doch augenblicklich wird es trotzdem wieder spannend. Zwei Tiere, zwei Kälber und ein Schmaltier trollen auf mich zu. Nachdem sie sich auf 30 Meter genähert haben, pfeife ich, alle fünf verhoffen, und als ein Kalb breit steht, bricht es im Schuss zusammen.

Kurz vor Ende des Treibens gelingt es mir noch einmal auf kurze Distanz ein Kalb aus einem achtköpfigen Verband zu schießen. Es war wieder ein kunstloser Schuss. Er wird, wie auch der erste, mit der Zeit in meiner Erinnerung verblassen, den Anblick des starken Rudels werde ich aber wohl nie vergessen.

Als ich das zweite Kalb aufbrechen will, entdecke ich einen Admiral. Welch seltsame Begegnung an diesem Ort. Lautlos erhebt sich der wunderschöne Schmetterling. Als »Wanderfalter« wird er sich nun den Zugvögeln anschließen und gen Süden ziehen.
Plötzlich beschleicht mich ein seltsames Gefühl. Irgendetwas stimmt nicht in meiner Umgebung, ist anders als vorher. Verunsichert schaue ich mich um, und erst jetzt realisiere ich, das Schießen hat aufgehört. Stille, kein Panzer röhrt mehr, keine Kanone, keine Haubitze, kein Maschinengewehr ist zu hören. Schlagartig war der störende Krach verstummt. Das Manöver ist vorüber, das Schießen der Soldaten eingestellt, ich hatte es in der Aufregung vorher nicht bemerkt. Wohltuende Ruhe, die ich nun doppelt genieße. Nur zwei Kolkraben melden sich aus dem wolkenlosen Himmel.
Weit weg zieht ein wohl 20-köpfiges Rudel vertraut über die Fläche. Links und rechts blinken Metallteile aus einem verdorrten, grauen Ginstergebüsch, Überreste der letzten Manöver.

Vereinzelt fallen Schüsse, es sind Jäger, das Militär macht Mittagspause. Auf den ersten Blick erscheint meine Umgebung von Menschen unberührt, doch sobald ich genauer forsche, stoße ich auf zahllose Überreste menschlicher Unvernunft.

Die Illusion, um mich herum reagiert Wildnis pur, ungestörte Natur, verfliegt bei genauem Hinsehen. Unmengen von Zivilisationsmüll verschandeln die Landschaft und rufen mich in die Realität zurück. Ich entdecke drei helle Betonbauten. Sonst schien das große Gebiet dem Wild zu gehören, aber nach und nach offenbaren sich durch die achtfach vergrößernde Optik Metallteile und Plastikstücke, die von regelmäßigen Übungen der Soldaten zeugen.

Die schweren Panzer haben tiefe Spuren in den Boden gepflügt, und mir wird bewusst, dass ich mich, trotz des hohen Wildvorkommens mit einem kümmerlichen Stück Rest Natur begnügen musste.

Von langen Pirschgänger

Die Kunst des Anschleichens

Im Gleichschritt, marsch!

Ich fühle mich zurückversetzt an stimmungsvolle Morgenstunden im Frühling. Unsere Fortbewegung erinnert nämlich in der Tat an das Anspringen eines Großen Hahns während seiner Balzarien. Triller, Hauptschlag, Schleifen, und los ging es. Drei, vier Sprünge oder besser Sprüngchen, bis der Hauptschlag kommt, der Vogel wetzt, in dieser kurzen Phase fast taub und blind ist, und ich danach mitten in der Bewegung wieder erstarren musste.

Wir sind aber nicht auf der Auerhahnbalz, warten nicht, die Blicke in die Höhe gerichtet, auf den Hauptschlag, wenn der Urhahn den anspringenden Jäger nicht vernimmt, sondern darauf, dass der Bock vor uns sein Haupt wieder senkt und uns nicht eräugen kann. Geruchs- und Hörsinn helfen dem Alten kaum. Der Wind weht uns entgegen. Lediglich den Gesichtssinn des Alten gilt es zu überlisten.

Ich jage am liebsten alleine, brauche keinem Führer, auch nicht in unbekanntem Terrain. Es gibt schließlich Revier- oder Landkarten, zur Not auch einen Kompass. Zu Anfang meiner Polenaktivitäten hatte ich noch das Glück, ohne Begleitung jagen zu dürfen. Das änderte sich Anfang der 2000 Jahre. Das polnische Jagdgesetz verbot, dass ausländische Gäste alleine jagen. Seitdem habe ich mit verschiedenen Pirschführern gejagt, bin von keinem enttäuscht worden, aber der mir am liebsten ist Marek, der Jagdförster des Reviers Kulik in der Oberförsterei Johannesburg. Nun bin ich froh, ihn an meiner Seite zu haben.
»Kenne ich, gutes Bock, komm!« Kurz und bündig ist die Ansage meines Begleiters, mit dem ich schon eine stattliche Anzahl Wild erlegen durfte, und ich folge ihm.
300, vielleicht auch 350 Meter entfernt, mitten auf der riesigen Weide zwischen Hahnenfuß, Wiesenschaumkraut, Löwenzahn und mattweißer Schafgarbe entdecken wir den Gesuchten. Immer wieder wirft er auf und sichert.
Das kaum knöchelhohe Gras bietet noch nicht genügend Weide für die große Milchviehherde, aber dem Bock genügt es.
Vielleicht ist es auch noch zu kühl, doch in einer Woche spätestens wird das Vieh ausgetrieben, dann heißt es, den Alten woanders zu suchen, seinen neuen Einstand wiederzufinden, denn er meidet die Unruhe der Haustiere und die Besuche des Bauern, wenn er täglich mehrmals nach seinen Kühen schaut.

Zum Ankriechen müsste das Gras noch zwei, drei Wochen wachsen. Jetzt kann selbst ein Fuchs einen Hasen in dem niedrigen Bewuchs nicht überlisten. Kein Weide- oder Zaunpfahl, nicht einmal ein Maulwurfshügel würde uns Deckung geben, um näher zu kommen. Marek schaut mich auffordernd an, aber ich versuche gar nicht erst, mich zu bücken, in die Knie zu gehen oder mich gar auf den Boden zu legen.
Da wendet sich der Bock ab, sichert in entgegengesetzte Richtung, macht einige Gänge von uns fort und äst weiter. In dem Moment macht Marek zehn, zwölf Schritte auf das Stück zu. Einen Fuß behutsam vor den anderen setzend, das Reh dabei nicht aus den Augen lassend, jederzeit bereit, sofort zu der sprichwörtlichen Salzsäule zu erstarren, sollte es aufwerfen, folge ich.
Ich senke meinen Kopf, habe mein Gesicht zum Boden gewandt, sodass ich gerade noch unter dem Rand der Hutkrempe hindurchblinzeln kann, um verräterischen Augenkontakt zu vermeiden.

Die Arme eng an meinen Körper gelegt, die Hände auf dem Rücken verschränkt, damit unsere Konturen verschmelzen, klein, unauffällig werden, halte ich mich fast auf Tuchfühlung hinter Marek, denn obwohl wir aus der Perspektive des Bockes den dunklen Kiefernwald als Hintergrund haben, sind wir auf der freien, deckungslosen Fläche für Jeden und Jedes weithin sichtbar. Würde der Bock wieder misstrauisch, würde er nur eine Silhouette, nur eine Gestalt erkennen.
Fünf, sechs Meter sind wir nähergekommen, da äugt er geradewegs zu uns her, hat den linken Vorderlauf in Vorstehhundmanier angehoben. Höchster Alarm! Eine lange Minute starren zwei Augenpaare und zwei Lichter sich an, bis Entwarnung kommt.

Ein Fischreiher klaftert über uns dahin, will sich niederlassen. Als er realisiert, dass die beiden Wesen, die da eben noch reglos in der Wiese standen, lebendig werden, mehrere Schritte machen und erneut in Starre verfallen, Menschen und keine Zaunpfähle sind, versucht er mit ungelenk anmutenden Schwingenschlägen Luft unter seine Fittiche zu bekommen.
Nur einen Moment amüsiere ich mich über den grauen Fischdieb, dann starre ich wieder nach vorne. Wir müssen mindestens 150 Meter bewältigen, und ich bleibe Marek dicht auf den Fersen.
Jedes Mal, wenn der Bock aufwirft, wird mein Pulsschlag erneut beschleunigt.
Wenige Meter weiter brauche ich nicht darauf zu achten, wohin ich meinen Fuß setze, muss nicht besonders vorsichtig auftreten, denn der Untergrund ist feucht, weich, schluckt die Geräusche unserer Schritte.
An Waldrändern küselt zwar der Wind oft oder ist nicht berechenbar, aber nun haben wir Glück, er weht uns entgegen.

Der Bock macht jedes Mal drei, vier kurze Gänge, während wir im Gleichtakt höchstens ebenso viele längere Schritte machen können und nur langsam näherkommen. Aber es ist und bleibt immer noch ein langer Weg, den wir zurücklegen müssen.
Da wechselt er die Richtung, steht erst breit, dann spitz zu uns her. Ganz kurz hebt er das Haupt, nimmt sich aber kaum Zeit, um seine Umgebung länger zu mustern, widmet sich bald wieder dem offensichtlich wohlschmeckenden Grün, das ihn größere Vorsicht vergessen lässt.
Wir stehen wieder stocksteif ohne uns zu regen, aber diesmal können wir schon bald

wieder durchatmen und vorwärts schleichen, bis es erneut heißt abrupt zu verhalten. Bange Minuten vergehen, bis sich der Bock endlich erneut abwendet, wir weiter schleichen können. Mit tiefem Träger präsentiert er sich spitz von hinten.
Ich war so gespannt, hatte mich so sehr auf das Verhalten des Rehbocks und auf meine Aktivitäten konzentriert, dass ich die Kraniche und den Kuckuck kaum hörte und drei Stück Rotwild am anderen Waldrand erst wahrnehme, als sie abspringen.
Das Spielchen »Träger hoch« auf der einen und »Strammstehen« auf der anderen Seite wiederholt sich ungefähr zehn Mal, und jedes Mal gewinnen wir wieder einige Meter.
Doch dann wird unsere Geduld noch einmal auf eine harte Probe gestellt.
Ungefähr 120 Gänge weit entfernt, mit dem Schießstock eine vertretbare Entfernung, wenn der Bock breit stehen würde, aber das tut er nicht, macht auch vorerst keine Anstalten, uns den Gefallen zu tun.
Stattdessen zeigt er uns seinen Spiegel, gibt uns Gelegenheit, wieder auf ihn zu zu trippeln. Unbemerkt gewinnen wir erneut zehn Meter.
Und dann können wir wieder weiter.
Der Wind steht weiterhin günstig. Wellenartige Bewegungen rollen sanft über die gelben Hahnenfuß-Blüten auf uns zu.
Marek wird immer mutiger. Der Bock hat, nachdem er sein Umfeld gemustert hatte, den Windfang noch nicht wieder am Boden, ich halte noch den Atem an und hoffe, nicht von ihm bemerkt zu werden, da macht mein Begleiter bereits wieder einige kurze Schritte, und ich tue es ihm augenblicklich gleich.
Es bedarf keiner Verständigung mehr unter uns beiden, keiner unauffälligen Winke mit der Hand, keiner Augenkontakte, der Bock gibt das Zeichen, bestimmt den nächsten Einsatz, wenn es wieder heißt: »Im Gleichschritt, marsch!«, und er ist es auch, der unseren Einsatz immer wieder abrupt beendet.

Es ist bereits 8:30 Uhr. Wohltuend spüre ich nach den kühlen Morgenstunden die ersten wärmenden Sonnenstrahlen durch die feucht-klamme Kleidung auf meiner Haut. Unser Schuhwerk ist völlig durchnässt. Noch hat die aufgehende Sonne den Tau nicht von den Gräsern geleckt, ab und an erkenne ich daher deutlich, wo vor kurzem der Bock vor uns her durch das nasse Grün gezogen war. Gierig beginnt die steigende Sonne bereits die Feuchtigkeit von den Gräsern zu schlecken, und bald werden sie sich wieder aufrichten. Wir haben auf unserem Schleichweg gewiss ebenfalls Abdrücke hinter uns zurückgelas-

Schreiben Sie uns und gewinnen Sie!

Unter den Einsendern werden jeden Monat 10 Büchergutscheine im Wert von jeweils € 50,– verlost.

Lieber Leser,

vielen Dank für Ihre Antwort.
Nur durch Ihre Anregungen und Ihre Kritik können wir uns ständig verbessern.
Bitte schreiben Sie uns doch auf dieser Antwortkarte, wie Ihnen das Buch gefallen hat.

Autor und Titel des Buches:

Meine Meinung zu diesem Buch:

☐ sehr gut ☐ gut ☐ weniger gut ☐ nicht so gut

Kommentar:

Vorname

Nachname

Straße

PLZ, Ort

Email-Anschrift ☐ (Ja, ich möchte per E-mail über Neuerscheinungen informiert werden)

Bitte schicken Sie mir **gratis** Ihren Prospekt mit allen lieferbaren Titeln zum Thema:

- ☐ **Personenwagen / Nutzfahrzeuge**
- ☐ **Motorrad**
- ☐ **Eisenbahn / Modelleisenbahn**
- ☐ **Luftfahrt / Raumfahrt**
- ☐ **Militärgeschichte / Waffen**
- ☐ **Aktive Freizeit**
- ☐ **Pferde / Hunde Katzen**
- ☐ **Jagd / Angeln**
- ☐ **Typenkompass** Personenwagen / Nutzfahrzeuge / Motorrad / Luftfahrt / Zeitgeschichte / Maritim / Eisenbahn

Bitte ausreichend frankieren

Antwortkarte

Paul Pietsch Verlage
Hauptstätter Straße 149
70178 Stuttgart

sen, aber um einen Blick zurückzuwerfen, um es zu prüfen, ist keine Zeit, meine ganze Aufmerksamkeit gehört dem vor uns stehenden Rehbock.

Mittlerweile steht er nur noch hundert Gänge entfernt. Behutsam lege ich meine Büchse in die Schießgabel, wenige Lidschläge später stellt sich der starke Sechser breit und bricht, nachdem ich den Zeigefinger gekrümmt habe, in seiner feuchten Fährte zusammen.

Als die Waldränder das Echo meines Kugelschusses zurückwerfen, erhebt sich zwei-, dreihundert Meter entfernt ein Kranichpaar aus der Weide, und seine Schreie übertönen den verebbenden Widerhall des Büchsenknalls. Ich hatte die grauen Flieger vorher nicht bemerkt, so konzentriert war ich auf den Bock. Aber auch die Vögel des Glücks hatten uns nicht ernst genommen oder nicht erkannt, dass es sich bei den beiden stocksteifen Gestalten, die sich da manchmal auf so mysteriöse Art und Weise fortbewegten, um Zweibeiner handelt.

Während Marek den Bock aufbricht, gehe ich zurück, um den Zielstock zu holen. 110 Schritte muss ich machen. Noch sind unsere Fußstapfen im nassen Gras deutlich zu erkennen, die Sonne wird sie bald verschwinden lassen.

Anschließend verweilen wir im nassen Gras sitzend und rauchen. Eine Hohltaube gurrt hinter uns im Altholz, der Duft von Brennnesseln kribbelt angenehm in der Nase, und über uns kreisen Kolkraben. Sie werden dafür sorgen, dass auch die letzten Spuren dieser Jagd schon bald der Vergangenheit angehören.

Jagd auf den Geisterbock

Das Gold riesiger Rapsfelder leuchtet links und rechts der Straßen. Auf noch braunen Äckern, die sich bis zum Horizont erstrecken, liegt ein grüner Schimmer, sprießen zarte Maispflanzen, als wir

wieder nach Masuren fahren. Auch in Polen ist der Anbau von Feldfrüchten zur Energiegewinnung populär. Statt Nahrung für Mensch und Vieh zu produzieren, werden Äcker als Energielieferanten missbraucht, die Böden ausgebeutet.

Die strahlenden Farben in Feld und Flur vermitteln Aufbruch und Optimismus für ein neues Jagdjahr. In den Wäldern bedecken im Schatten der Buchen und Eichen Maiglöckchen den Waldboden wie ein weißer Teppich. Während Birken und Buchen voll belaubt sind, halten sich Eichen und Espen noch zurück, sie schmückt lediglich ein grünlicher Glanz.

»Habben gutte Superbock gesähen«, empfängt mich Marek, der meine Vorliebe für abnorme Trophäen kennt.

»Hat sich Gehörn abnormal, drei Stangen«, dabei hält er seinen Mittel- und Zeigefinger sowie den Daumen hoch und betont noch einmal: »Drei Stangen!«

Der nächste Morgen ist frisch. »Viel Glück, heiße Flinte und große Opfer«, wünscht uns der alte Jagdförster Jurec, dann geht es los. Wir pirschen zu einer sumpfigen Freifläche, die an zwei Seiten von hohem Kiefernaltholz begrenzt ist. Der Rand der ehemaligen Wiese, sie wurde schon viele Jahre nicht mehr beweidet oder bearbeitet, ist gesäumt von Löwenzahn, der sich wie ein gelber Kranz darumgelegt hat.
Der Waldsaum ist bestanden mit Haselbüschen, einer kerzengerader als der andere, jeder einzelne kleine Stamm wie geschaffen für einen Schießstock.
»Großes Bock immer hier gesehen«, flüstert Marek, als wir die Umgebung durch die Ferngläser ableuchten, aber wir entdecken lediglich eine zottelige Ricke auf einer sonnengelben Löwenzahninsel inmitten der Wiese, und am Rand äst ein Jährlingsbock. Offenbar hat er noch nie Menschen gesehen, noch nicht die Gefahren begriffen, die von Zweibeinern ausgehen. Auf zehn Gänge lässt uns der Jüngling herankommen, bevor er fortzieht.
Kuckuck und Singdrossel untermalen den kühlen Morgen akustisch, andere gefiederte Sänger schweigen diskret, als wir uns fortstehlen, um andere »rehwildträchtige« Stellen aufzusuchen. Kommentar von Marek: »Bock schlafen.«
Auf leisen Sohlen geht es zu einer Windwurffläche, dann zu einer großen Blöße im Kiefernwald, danach statten wir einer Wildnis aus Erlen und Brennnesseln einen Besuch ab, und schließlich stehen wir an einer weit einsehbaren Heidefläche, aber es ist kaum Rehwild auf den Läufen.
Immer wieder kommen Erinnerungen an Jagdtage in den vergangenen Jahren auf. Hier habe ich geblattet, dort einen Hirsch geschossen, einen guten Keiler gesehen oder einen Rehbock überlistet.

Bevor wir am frühen Vormittag unsere Morgenpirsch beschließen, pirschen wir noch einmal zum Einstand des Dreistangigen. Kein Wild, kein Lebewesen weit und breit, selbst die Nachtigallen bleiben stumm. Das Brutgeschäft ist beendet, und wenn die Jungen geschlüpft sind, hat der »Vogelvater« wenig Zeit zum Singen.
»Bock schlafen«, raunt Marek, zuckt mit den Schultern, und damit beenden wir unseren morgendlichen Ausgang.
An den folgenden Tagen schleichen wir bei Anbruch des Tages als erstes zu der anmoorigen Wiese, wo der ominöse Rehbock angeblich mehrmals beobachtet worden war, und wenn wir unsere Pirsch beenden, statten wir der Fläche noch einmal einen Besuch ab.

Zu Beginn jeder Abendpirsch ziehen wir ebenfalls zuerst dorthin, und dort lassen wir später den Tag auch ausklingen, harren bis zur Dunkelheit, bis der Kuckuck verstummt und Schnepfen über uns dahin quorren. Aber vergeblich, wir sehen kein Wild, und der stereotyp wiederholte Kommentar meines Jagdführers »Bock schlafen« beginnt zu nerven.

Drei Tage lang waren wir bereits zwei Mal morgens, zwei Mal abends, insgesamt also zwölf Mal, zu der sumpfigen Fläche geschlichen, und ebenso oft werde ich beschwichtigt: »Bock schlafen.«

Zwei hochbeschlagene Ricken, ein Schmalreh, ein Jährling, Kraniche und ein Fischotter haben uns die Zeit vertrieben, aber wir hatten kein Haar des »Geisterbockes« gesehen. In mir kommt die Vermutung auf, er sei ein Hirngespinst von Marek.

So viel kann ein Rehbock gar nicht schlafen, überlege ich. Schließlich muss er den ihm vorgegebenen Lebensrhythmus Nahrung suchen, äsen, wiederkäuen und ruhen einhalten. »Sollte er immer, wenn wir kommen, schlafen, müssen wir zu einer anderen Tageszeit nach ihm schauen«, schlage ich deshalb am vierten Tag ungeduldig vor.

Skepsis bei Marek, Unlust bei den anderen Jagdführern. Sie müssen schließlich, nachdem sie gegen vier Uhr aus den Federn kriechen, um uns zu führen, ihren anstrengenden Forstdienst absolvieren, während wir Gastjäger uns erholen können. Doch ich kann mich durchsetzen. Am nächsten Tag rollt der Wagen gegen 15 Uhr wieder Richtung Wiese.

Einen halben Kilometer vorher lassen wir ihn, wie so oft in den vergangenen Tagen, stehen, schleichen, begleitet vom ständigen Flöten eines Pirols, zu der Fläche, und tatsächlich, dort, mittendrauf, steht zwischen abgestorbenen Rohrkolben, Röhricht und Binsen ein Bock, nein, der Bock, der Abnorme. Während wir versuchen, uns zu nähern, zieht er gemächlich an den Rand der Freifläche auf der anderen Seite, dreht sich zu uns um, verhofft und wechselt dann aufreizend langsam in den Hochwald.

Zweimal sehe ich es noch aufleuchten, dann ist er von den dunklen Baumstämmen endgültig verschluckt, einfach weg.

Marek und ich schauen uns an, sind uns ohne ein Wort zu wechseln einig und folgen dem Reh, das gerade in den Schutz des Altholzes gezogen ist.

»Böh!, böh!« hallt es da aus dem Wald und noch einmal »böh!, böh!, böh!«. Für einen Moment sehen wir etwas Rotes im Bestand, dann ist es zwischen den orange schimmernden Kiefernstämmen verschwunden.

Die Laute bewegen sich fort, verraten aber den Standort des Wildes. Im Zeitlupentempo folgen wir dem ärgerlichen Schrecken.
Zwei Mal schallt es noch »böh!, böh!« durch den Wald, dann ist es endgültig still, der Rehbock hat sich beruhigt. Wir wissen aber nun ungefähr, wo er sich verbirgt. Aufmerksam pirschen wir weiter, doch so angestrengt wir auch umherspähen, als wir uns dem vermeintlichen Standort nähern, mit bloßen Augen, dann das Fernglas zu Hilfe nehmend: Weit und breit ist kein Lebewesen zu entdecken.
Da! Wieder Schrecken. Der Bock hält keine feste Richtung ein, entnehmen wir seinen lauten Unmutsäußerungen. 100 Meter zieht er nach Osten, macht dann kehrt, wechselt nach Süden im Zickzack gemächlich von uns fort, ist immer in Bewegung, verhält nie länger, um zu äsen oder zu sichern.

Der Wind rauscht in den Kronen der hohen Kiefern. Das Raunen schwillt an, wird wieder leiser und wird unterbrochen von dem Rufen vorüberrudernder Kraniche.
Wir haben uns bereits 300, 400 Meter von der Wiese Richtung Süden entfernt, tasten uns gespannt weiter durch den Altholzbestand, bleiben nach fünf, sechs Schritten stehen, und ich leuchte, um unnötige Bewegungen zu vermeiden, durch das Zielfernrohr vorsichtig die Umgebung ab.
Ein leichter Windhauch weht uns entgegen.
Da stellt Marek die Zielhilfe vor mir auf, bedeutet mir aufgeregt, die Büchse daraufzulegen, weist mit gespitzten Lippen nach links, aber ich sehe kein Wild, kann nichts Auffälliges dort entdecken. Mein Begleiter flüstert einige unverständliche Worte und klappt das Dreibein wieder zusammen.

Kurz darauf zieht 40 Meter halblinks ein Reh über eine freie Stelle durch das hellgrüne Heidelbeerkraut. Ein schneller Blick zu Marek, aber der schaut gerade nach rechts, und ehe ich ihn aufmerksam machen kann, ist das Stück erneut verschwunden.
Behutsam schlängeln wir uns weiter.
Vorsichtig Fuß vor Fuß setzend, meine Blicke streifen ständig über den Boden, von dort nach links und rechts in die Umgebung und wieder zurück, schleichen wir nach dort, wo der Bock kurz auf- und sofort wieder abgetaucht war.
Der Boden ist feucht, ermöglicht fast lautloses Pirschen, zumal sich unter dem nahezu kniehohen, zarten Heidelbeerkraut wenig trockenes Gezweig oder Kienäpfel verbergen.

Streifen die Schäfte der Gummistiefel an dem weichen Kraut entlang, sind die Geräusche kaum zu vernehmen.
Die jungfräulichen Blätter der Buchen und Birken haben dieselbe frische Färbung wie die Heidelbeersträucher, und der sonst schwermütig wirkende Kiefernwald erscheint durch das helle, intensive Grün heiter und freundlich. Einige der jungen Bäume sind bis in über zwei Meter Höhe von Elchen verbissen, geschält oder abgeknickt, bei anderen lassen tiefhängende, belaubte Zweige kaum Sicht zu, lediglich 20, 30 Meter kann ich in den Bestand einsehen.
Fliegen surren, verschwinden, als eine leichte Windböe aufkommt, kehren aber nach wenigen Lidschlägen so schlagartig wie sie fortflogen zurück und krabbeln störend über Gesicht und Hände. Die Plagegeister werden lästiger, je weiter wir in den Bestand vordringen und je weniger der Wind zu spüren ist. Immer wieder täuschen irritierende Licht- und Schatteneffekte Wild vor, geben unserer lautlosen Pirsch einen erhabenen Reiz, machen sie besonders spannend.
Das spärliche Sonnenlicht tanzt in zitternden Ringen durch die Zweiglücken der Baumkronen über den Waldboden, huscht glänzend über sattgrüne Moospolster und braunes Wurzelwerk dahin.

Dann wird der Bestand wieder lichter. In dem kürzlich durchforsteten Stangenholz ist es kühler. Wo die Bäume keine dichten Kronen gebildet haben, dringen die Strahlen der Sonne bis auf den braunen, trockenen Waldboden und wandern mal langsam und stetig, mal ruckweise und schnell, auf dem Nadelteppich entlang, je nach Stärke des Windes und nach Bewegung der Zweige in den Wipfeln. Bei der diffusen, wechselnden Beleuchtung und gegen den unruhigen Hintergrund ist ein Reh nur schwer auszumachen.
Bedächtig geht es weiter, um nach wenigen kurzen Schritten erneut zu verharren und konzentriert mit dem Glas die Umgebung zu mustern. Hinter jedem der vielen Stämme kann sich der Bock verbergen.
Als ich nach drei weiteren zögernden Schritten erneut mit dem Achtfachen den Bestand abtaste, habe ich ein Reh im Glas, den Heißersehnten.
Siebzig, vielleicht auch achtzig Gänge entfernt, hat er uns nicht bemerkt, sichert in die entgegengesetzte Richtung, äugt dann kurz zu den regungslos verharrenden Zweibeinern, wendet sich ab und zieht langsam fort.
Unter dem Schirm der alten Kiefern haben sich Fichten ausgesamt und helle Triebe ge-

schoben. Es sieht aus, als seien die kleinen Bäume gesprenkelt. Sie geben dem Bock immer wieder auf längere Strecken Schutz.
Sonnenstrahlen fallen in schrägen Bahnen durch das Geäst der lichten Baumkronen auf den Boden. Zieht das Reh in eine solche Gasse, flammt seine Decke rotbraun auf, und in ständigem Wechsel von Schatten und Licht verschwindet es schließlich wieder zwischen den hohen Stämmen, ohne dass ich schießen kann. Schritt für Schritt pirschen wir hinterher. Unsere Geduld wird erneut auf eine harte Probe gestellt.
Ein schwarzer Vogel mit leuchtend kaminrotem Schopf streicht heran, fußt an einer trockenen Fichte und beginnt sie zu bearbeiten, dass die Späne fliegen. Weit hallt das Klopfen des Schwarzspechtes durch das Stangenholz.
Bis zu 18 Mal pro Sekunde können Spechte mit ihrem Schnabel gegen einen hohlen Baumstamm hämmern, wenn sie ihre Signale an die Umwelt, an Partner oder Rivalen, aussenden.
»Ob manche Naturvölker von diesen Vögeln ihre Trommelsprache abgelauscht und übernommen haben?«, sinniere ich. Da streicht der große Vogel davon und ist im Nu von alten, dicht beieinanderstehenden Baumkronen verschluckt. Meine Konzentration richtet sich wieder auf den Abnormen.
Und dann steht er 50 Meter vor uns scheibenbreit zwischen zwei dicken Kiefern. Mit bloßem Auge erkenne ich, dass mit dem Gehörn etwas nicht stimmt, nicht normal ist. Ganz leise zische ich, um Marek aufmerksam zu machen. Kurzer Blickaustausch, Schulterzucken, mein Führer steht zwei Meter neben mir und kann den Bock nicht sehen. Für ihn ist er verdeckt. Ich habe die Büchse von der Schulter genommen, carpe momentum, will den Augenblick nutzen, doch das Absehen will nicht ruhig auf dem Wildkörper verharren, Jagdfieber schüttelt mich. Mein Gegenüber nimmt mir schließlich die Entscheidung ab und taucht ein in einen undurchsichtigen Horst aus Traubenkirschen, so dicht, dass wir nicht direkt folgen können, ohne beträchtlichen Lärm zu machen. Als wir das Gebüsch fast umrundet haben, sehen wir ihn abermals für wenige Augenblicke von jungen Fichten verdeckt und dann nach 60 bis 70 Gängen steht er kaum mehr als 30 Schritte vor uns.
Regungslos, wie die vielzitierte Salzsäule, starren wir uns an, doch schon zieht der Dreistangige weiter, ist erneut unsichtbar.
Gut 70 bis 80 Gänge weit können wir nun sehen, der Abnorme scheint wie vom Erdboden verschluckt.

Vorsichtig wende ich mich zu Marek. Der zuckt mit den Schultern. Er will nach Hause, sich nicht länger an der Nase herumführen lassen, doch ich schüttele den Kopf, will nicht aufgeben.
Schritt um Schritt, nach allen Richtungen gespannt Ausschau haltend tasten wir uns weiter, erforschen mit den Augen, wohin wir bei den nächsten Schritten unsere Füße setzen können, schieben mit der Stiefelspitze Zweige fort, bücken uns, um leise einen Ast, an dem wir nicht ohne verräterische Geräusche zu verursachen, vorbeikommen, beiseite zu ziehen, verharren immer wieder regungslos, drehen nur unsere Köpfe mit den Gläsern vor den Augen im Zeitlupentempo von links nach rechts, von rechts nach links, aber weit und breit ist kein Bock auszumachen.
Plötzlich bleibt mein Blick an etwas »Rotgrauem« hängen. Unhörbar gleitet der Schaft der Büchse vor die Schulter, die Mündung des Gewehrlaufs schwingt langsam in die Richtung der »verdächtigen« Stelle, und im Zielglas erscheint ein Stück Rehdecke.
Nach einigem Zirkeln erkenne ich auch ein Reh. Es hat sich auf einer kleinen Freifläche niedergetan, döst wenig aufmerksam vor sich hin und genießt, das Gesicht abgewandt, die Abendsonne.

Auf den hellgrünen, weichen Moospolstern kann ich lautlos einige Schritte näherpirschen, da bricht ein Zweig unter meinen Füßen. Das Stück, es ist das Ersehnte, dreht den Kopf und sichert starr zu uns her. Unverwandt äugt uns der Alte an. Obwohl wir über achtzig Gänge entfernt, reglos, angewurzelt wie ein Baum stehen, haben wir sein Misstrauen erweckt. Ruckartig wird er hoch, tritt nervös von einem Vorderlauf auf den anderen und wechselt dann zielstrebig in Richtung der versumpften Wiese zurück. Marek ergreift meinen Arm, bedeutet mit einer Kopfbewegung, ihm auf dem Weg, den wir gerade gekommen waren, zu folgen und geht los.
Nach wohl 200 Gängen eiliger Pirsch wird der Bock hundert Meter links von uns für einen Moment sichtbar. Er zieht parallel zu uns zügig zu der nassen Fläche zurück.
Nach einer ermüdenden knappen Viertelstunde und weiteren hundert oder besser zehn Mal zehn Schritten, schimmert die Wiese zwischen dunklen Fichtenstämmen herüber. Bedächtig wandern die Okulare unserer Ferngläser wieder vor die Augen. Mitten auf der Fläche äst der Rehbock im letzten Licht der untergehenden Sonne.
30 Meter pirsche ich noch bis an die Grenze des Bestandes, dann streiche ich mit der Büchse an einer Kiefer an. Sechs, sieben tiefe Atemzüge muss ich warten bis er verhofft,

breit steht und ich ihn groß und klar im Absehen meines vierfachen Zielfernrohres habe. Als das Fadenkreuz auf das Blatt zeigt, entweiht der laute Knall meines Büchsenschusses die feierliche Stille des Waldes.
Der Dreistangige macht drei abgehackte Fluchten, verhofft mit krummem Rücken und bricht nach meinem zweiten Schuss an diesem Nachmittag zusammen. Ich warte nur wenige Minuten, stolpere durch Binsen und Schilf, springe von einer Bülte zur nächsten und knie dann im Gras zwischen gelb leuchtenden Sumpfdotterblumen und mattweißer Schafgarbe vor meinem Bock. Nur wenige Meter entfernt von der Stelle, wo ich ihn das erste Mal gesehen hatte, war er verendet.
Es ist kein echter Dreistangen-Bock. Die fast doppelt Handbreit lange dritte Stange ist aus der Rose, nicht aus dem Rosenstock gewachsen, wie ich irrtümlich durch das Fernglas angesprochen hatte.

Neben verdorrten Rohrkolben und absterbendem Schilf sitzen wir dann auf moderndem Gras dankbar vor dem wohl Sechsjährigen, und jede Minute wird mir zur Sternstunde. Voller Ehrfurcht aber auch voll Wehmut streifen meine Blicke das bizarre Gehörn.
Nach sechs Tagen war ich am Ziel meiner Wünsche, und weiß, eines werde ich gewiss vermissen: Das Jagen nach diesem »Phantom«.

Als wir die ersten Male an die Moorwiese kamen, ich von seiner Anwesenheit nicht überzeugt war, vielmehr Mareks Aussagen misstraute, war sie umsäumt mit leuchtendem Löwenzahn und strahlendem Ginster. Nun sind die gelben Ginsterblüten schlichten grünen Samenschoten gewichen, die goldenen Butterblumen haben sich in silbrige Pusteblumen verwandelt. Wohin ich schaue, entdecke ich Zeichen und Zeugen für die Vergänglichkeit des Lebens. Während wir bei unserer Beute verharren, bis die Dämmerung die Sicht verkürzt, der Gesang der Singdrossel und der Ruf des Kuckucks von Schnepfen und dem letzten Zetern der Amseln abgelöst werden.

Von schlechten Schüssen und guten Hunden: Nachsuchen mit Lady Di

Bleifrei – eine totsichere Suche

Meine Hündin Diva macht ihrem Namen alle Ehre. Wenn andere Hunde in der Nähe sind, oder wenn es um Toben und Schmusen geht, benimmt sie sich wie die sprichwörtliche Primadonna. Die Allüren sind allerdings vergessen, sobald ich die lange rote Schweißeine in der Hand habe. Dann überwiegt die Jagdpassion der Hündin, ob Rot- oder Schwarz-, Reh- oder Raubwild. Selbst auf der kranken Hasenspur arbeitet sie zuverlässig und hat sogar schon Suchen von geflügelten Fasanen oder Gänsen erfolgreich beendet. Es grenzt also an üble Nachrede, meine Hündin würde sich erst ab einem Kronenzwölfer bitten lassen und eine Nachsuche beginnen, wie ein Freund behauptet.

»Es ist ja nur ein Frischling, er liegt hundertprozentig, ´ne ganz einfache Suche für einen Hund wie Ihren«, beruhigte mich der Schütze, als wir durch den Schnee zum Anschuss stapften. Es folgte das übliche Zeremoniell, um den Hund auf seine bevorstehende Arbeit einzustimmen: Er wird abgelegt und beobachtet gespannt, wie ich auf den Knien im Schnee auf dem Erdboden herumrutsche und nach Pirschzeichen forsche. Auf der leichten Schneedecke sind zwar Schalenabdrücke einer schwachen Sau zu erkennen, aber nichts, was auf einen Schuss geschweige denn Treffer hindeutet, Schnittborsten, Schweiß oder gar Knochensplitter – Fehlanzeige.

Diva weiß längst, warum wir hier sind, kurzer Augenkontakt, und schon kommt sie zu mir geschlichen, lässt sich kurz abliebeln und zieht mich dann mit tiefer Nase am langen Riemen in den kürzlich geläuterten Kiefernbestand.

Nach dreißig Metern verweist sie einige helle Schweißtropfen, dazwischen liegt etwas dunkelroter Schweiß auf der weißen Pracht, für das menschliche Auge kaum auszumachen, für die Hundenase aber kein Problem.

Es ist nicht schwierig, der Wundfährte zu folgen. Ab und an werfen tiefhängende Zweige den Schnee ab, wenn wir sie streifen, aber kaum ein umgestürzter Baum oder heruntergefallener Ast behindert unser zügiges Weiterkommen. Zwei-, dreimal knackt ein kurzer, abgestorbener Aststummel, den ich versehentlich mit der Schulter abbreche, aber die meisten Geräusche werden vom Schnee verschluckt. Eine einfache Nachsuche, freue ich mich.

Wie oft mussten wir uns schon durch bürstendichte Bestände, die sicheren Rückzugsgebiete für das leidende Wild, quälen, wie oft habe ich geflucht, wenn mich die Hündin durch eine wahre Urwaldwildnis zerrte, in die ich nur auf allen Vieren folgen konnte, in der sich der Riemen verfing, die Büchse auf dem Rücken ein Weiterkommen erschwerte, mir der Hut vom Kopf gerissen wurde, oder sich spitzes Gezweig in die Kleidung bohrte und ein Vorwärtskommen fast unmöglich machte.

Diese Nachsuche, so glaube ich, wird gewiss einfach und zu einem schnellen Ende führen. Ein Leberschuss, die Sau hatte über drei Stunden Zeit, um krank zu werden, ist wahrscheinlich längst verendet, überlege ich, und in dem »aufgeräumten« Kiefernwald gleicht das Folgen hinter dem roten Hund einem bequemen Spaziergang.

In dem knöchelhohen Beerkraut sind trotz des Schnees keine Fährten mehr zu erkennen. Auf den nächsten dreißig, vierzig Metern verweist mein vierläufiger Helfer zwar noch einige Schweißtröpfchen, dann werden die Pirschzeichen aber weniger, und schließlich gibt es überhaupt keine Bestätigung mehr, dass wir auf der Wundfährte folgen. Doch der Hund arbeitet ruhig, ist sich anscheinend sicher. Ich bin gewiss, gleich wird der Riemen schlaff. Außer der zielstrebigen Arbeit von Diva spricht allerdings nichts dafür, dass wir auf der richtigen Fährte sind.

Nach weiteren dreihundert Metern Riemenarbeit durch lichtes Altholz, zieht die Hündin schnurgerade auf eine umgestürzte Fichte zu. Noch trennen uns fünf, sechs Meter von der verschneiten, dichten Krone, als auf der anderen Seite die Sau, lediglich als dunkler Klumpen auszumachen, im aufstiebenden Schnee davon prasselt und längst verschwunden ist, als ich die Büchse von der Schulter gerissen habe. Diva heult im selben Augenblick auf, blickt zu mir, zerrt am Riemen, und ich kann sie gar nicht schnell genug von ihrer Halsung befreien. Dann höre ich nur noch »jiff!, jiff!, jiff!«, aber lange und bange Minuten bleiben aus. Kaum habe ich mich wieder aufgerichtet, folgt dem hellen Sichtlaut tiefer, dunkler Standlaut, regelmäßig, fast melodiös, dann ganz kurz wütendes, aggressives Aufjaulen und wieder die regelmäßige Musik, mit der der Hund seinen Herrn ruft. Eine einfache Nachsuche?

Der Wind steht günstig. Ich brauche nicht erst einen Bogen zu schlagen, um dem Hund zu Hilfe zu eilen, kann direkt zu ihm hinschleichen.

Die ersten zweihundert Meter versuche ich noch möglichst schnell, ohne Rücksicht auf brechendes Gezweig oder laute Tritte zu nehmen, im Eilschritt auf den Ball zuzulaufen, je näher ich aber komme, desto behutsamer bewege ich mich vorwärts. Als mich noch knapp hundert Meter oder weniger von dem Kampfplatz trennen, schleiche ich schließlich geduckt und besonders vorsichtig weiter.

Kurze Pause, aufrichten, recken, damit sich schmerzende Muskeln und Sehnen entspannen, dann geht es weiter in eine jüngere Kiefernschonung, in der ich kaum mehr als zehn, zwanzig Schritte weit sehen kann. Schnee rieselt mir ins Genick, wenn ich mich unter einem tiefhängenden Ast hindurchzwänge, stäubt mir ins Gesicht, behindert meine Sicht zusätzlich, und Zweige peitschen unangenehm auf meine bloßen Hände.

Der Wind steht immer noch zu unseren Gunsten. Da erscheint die Hündin in der Kulturreihe vor mir. Sie hat mich noch nicht wahrgenommen und ist sofort wieder aus meinem Blickfeld verschwunden. Langsam schleiche ich weiter.

Und dann erblicke ich zehn Gänge vor mir endlich auch die angeschossene Sau. Der Hund springt in respektvollem Abstand um sie herum und bellt sich fast die Lunge aus

dem Hals. Das Schwein macht einen müden Ausfall gegen seinen Widersacher, Diva weicht zurück, bemerkt mich, nähert sich nun voller Passion der Sau erneut, und wieder einmal bin ich von ihrem Urvertrauen beeindruckt. Hilfe naht, jetzt wird alles gut, jetzt kann nichts mehr schiefgehen, scheint die Hündin aus den vielen gemeinsamen vorangegangenen Nachsuchen mit mir gelernt zu haben.
In drei, vier Metern Abstand umkreist sie nun die kranke Sau, ist in ständiger Bewegung. Die Reaktionen, Wendungen, Ausfälle des Überläufers wirken dabei müde, langsam, lethargisch, während die Hündin unermüdlich verbellt und immer unbändiger wird. Ihr giftiger Laut verstummt erst nach dem Knall des Fangschusses.

Vor uns liegt kein Frischling, wie angesagt, sondern eine wohl fünfzig Kilogramm schwere Überläuferbache. Während Diva sich den Schnee aus dem Fell schüttelt und dann zögerlich den Leberschweiß, der sich auf der Schwarte am Ausschuss gebildet hat, bewindet, wundere ich mich über die unbefriedigende Wirkung des Schusses.
Ein einfache Nachsuche?
Je mehr sich das Schießen mit bleifreien Geschossen durchsetzt, desto öfter werde ich zu solchen »totsicheren« Suchen gerufen.

Nahkampf – Der Bock, der aus dem Dschungel kam

Auf Nachsuchen habe ich spannendere Abenteuer erlebt als auf »normalen« Jagden. Besonders erinnere ich mich an eine Suche, bei der mich ein Rehbock in einem wahren Urwald in den rechten Unterschenkel forkelte und an deren schmerzhaften Folgen ich wochenlang herumlaborierte. Wie Zieten aus dem Busch war er über mich gekommen.

Dabei hatte alles ganz normal begonnen – aber was ist bei einer Nachsuche schon normal?

»Der Bock liegt garantiert, in einer halben Stunde haben wir das Stück und sind zurück«. Ähnlich optimistische Aussagen muss ich mir nicht selten vor einer Nachsuche anhören, oft kommt es aber anders.
So bin ich auch diesmal skeptisch, als ein Schütze versucht, mich auf den Anschuss einzuweisen. Kein Schweiß, keine Knochensplitter, nicht einmal Schnitthaar finde ich, als ich auf den Knien im feuchten Gras am Weizenfeld entlangrutsche.
Der Jäger hatte lange mit allerlei bleifreier Munition herumgedoktert, bis er, wie er behauptet, endlich die richtige Laborierung, das ideale Geschoss für seine Büchse herausgefunden hat. Wild als lebende Versuchsobjekte für bleifreie Munition – mich schaudert. Missmutig lasse ich Diva, die mir interessiert zugeschaut hat, am langen Riemen suchen, in der Gewissheit, der Schütze war lediglich bei der Betätigung des Abzuges erfolgreich. Aber die Hündin weiß es wieder einmal besser, ist alles andere als uninteressiert und drängt nach zweimaligem Kreisen stramm in den riesigen Weizenschlag, wird von Schritt zu Schritt heftiger, und als ich ihr knapp 200 Meter in das Getreidefeld gefolgt bin, geht der Bock in hohen Fluchten vor uns ab. Nur für Sekunden erscheint der Kopf bei jedem seiner Sprünge über den Ähren, zu kurz, um einen halbwegs sicheren Schuss abgeben zu können.
Ich schnalle Diva, und laut stürmt sie hinter dem Kranken her.
Während ich noch nach einem Wundbett und nach Schweiß suche, aber auch auf den hellen, niedergedrückten Halmen nichts »Verdächtiges« finde, hetzt die Hündin den angeschossenen Bock bis zum Ende des über 50 Hektar großen Schlages, dann sehe und höre ich sie nicht mehr.

Zäh arbeitet der Sekundenzeiger die Minuten ab, und tief atme ich die Stille um mich herum ein, da vernehme ich ganz schwach gleichmäßigen, giftigen Standlaut – Diva hat den Kranken gestellt. Mein Puls beschleunigt sich auf das Doppelte.
Der Wind kommt von dort, wo die Hündin verbellt. Auf dem Lagergetreide komme ich zügig voran, als ich durch das Feld direkt auf den Laut zu laufe. Es folgen einige hundert Meter mit Disteln und anderem hohen Bewuchs, die mühsamer zu bewältigen sind. Schließlich erreiche ich das Ende des Feldes und stehe vor einem riesigen Schwarzdornverhau.
Vorsichtig schleiche ich am Rand zehn Meter nach links, finde aber keine Stelle, an der ich in das dichte, verwachsene, dornige Gezweig eindringen kann. Während Diva fort-

während Laut gibt, begebe ich mich behutsam zwanzig Meter auf die andere Seite des Verhaus, doch auch dort: Kein Wechsel, kein Pass, auf dem ich eindringen könnte, um der Hündin zu helfen.

Ratlos, unschlüssig starre ich auf die dichte Wand aus Blättern, Dornen und Zweigen. Da entdecke ich dicht über dem Erdboden ein Loch, nicht größer als die Röhre eines Fuchsbaus, in der naturgewachsenen Barriere, ein kleiner Eingang in den verwucherten und sicheren Lebensraum, in ein Refugium, das gewiss allerlei Getier noch störungsarme Sicherheit bietet.

Ich gehe auf die Knie, lege die Büchse, die ein Eindringen in das Dornengewirr erschweren würde, ja wahrscheinlich unmöglich gemacht hätte, auf den Boden und zwänge mich auf allen Vieren in den stacheligen Bewuchs.

Diva hat meine Anwesenheit längst registriert. Ich höre es an ihrem noch wilder klingenden Laut. Das tiefe, sonore, gleichmäßige Bellen wird durch Knurren unterbrochen. Die Hündin versucht offenbar den Bock niederzuziehen, scheint aber in dem Dickicht Schwierigkeiten zu haben.

Fast wie eine Schlange mühe ich mich in ihre Richtung, Zentimeter für Zentimeter.

Dünne Zweige versuchen mich an Armen, Schultern und am Kopf zurückzuhalten. Ich kämpfe mit meinem Hut. Er wird mit jeder Vorwärtsbewegung heruntergerissen, bleibt neben, über oder hinter mir hängen, festgekrallt, rutscht auf die Schulter oder wird von einem dornigen Zweig in die Höhe geschnellt. Ich muss ihn mit aller Kraft wieder losreißen, aber er bewahrt mich vor größeren Blessuren an meinem kahlen Haupt.

Weiter als vier, fünf Meter kann ich im Dämmerlicht des Verhaus kaum sehen.

Ich bin vielleicht zehn Meter in dieses wahrscheinlich von Menschen in den letzten Jahrzehnten nicht betretene natürliche Schutzgebiet gekrochen, versuche gerade, mir einen Dorn aus der Handfläche ziehen, da legt sich schmerzvoll ein zurückschnellender Zweig um meinen Hals.

Kaum habe ich mich befreit, werde ich auf der anderen Seite bereits wieder festgehalten. Spitzen bohren sich tief in die rote Gummijacke, wollen mich mit aller Gewalt daran hindern, weiter vorzudringen.

Links, rechts, oben, unten stechen nadelspitze Dornen unerbittlich in Haut und Kleidung.

Doch weiter geht es. Die Hündin verbellt pausenlos.

Nach fünf, sechs mühe- wie schmerzvollen Minuten und doppelt so vielen Metern will

ich aufgeben, versuchen, mich von der anderen Seite dem Bail zu nähern, doch die grüne Hölle im Rückwärtsgang zu verlassen ist nahezu unmöglich. Ich muss »wenden«, ein schier unlösbares Problem.
Da bricht der Laut ab. Stille. Nur mein Herz fühle und höre ich klopfen.
Aus den Augenwinkeln erfasse ich in dem Halbdunkel vor mir plötzlich einen Schatten. In dem Dschungel aus Büschen, Zweigen und Blättern rast er prasselnd auf mich zu, und im Nu, von einem Herzschlag zum nächsten, kommt etwas Dunkles auf mich zugestürmt.

Ich wälze mich auf den Rücken, will das Reh mit Beinen und Füßen abwehren, da spüre ich einen kräftigen Schlag an meine rechte Wade, und der Bock ist über mir, ausweichen ist keinem von uns beiden möglich. Der Raum ist wahrlich begrenzt, umgeben von einer natürlichen, undurchdringlichen Mauer, die zum Nahkampf herausfordert.
Schon habe ich ihn im Schwitzkasten. Fast unglaublich, welche Kräfte in einem mit Adrenalin vollgepumpten Wildkörper stecken. Nur mit großer Mühe kann ich das Reh mit beiden Armen und Händen festhalten.
Mit dem rechten Arm den Bock dann fest umschlungen, versuche ich mit der linken Hand mein Messer aus der Hosentasche zu ziehen. Dabei muss ich den Angreifer mit aller Macht und mit meinem ganzen Gewicht zu Boden drücken.
Da ist Diva heran und fasst den wild Schlegelnden an der Keule. Endlich gelingt es mir, den Nicker zu ergreifen und mein Gegenüber abzufangen. Kurzes Klagen und Aufbäumen, dann spüre ich, wie das Leben aus dem Wildkörper weicht und ich meinen Griff lösen kann.
Und noch etwas fühle ich, als ich mich Zentimeter für Zentimeter aus dem »Dornengefängnis« in die Freiheit arbeite: Mein rechtes Hosenbein ist blutdurchtränkt, der Unterschenkel schmerzt höllisch.

Einen Ein- oder Ausschuss finde ich in dem gedämpften Licht auf den ersten Blick nicht, dafür weiß ich umso besser, wo der Bock mich erwischt hat. Mühsam arbeite mich wieder zurück.
Zwei Stunden hat die Unternehmung gedauert, die Narbe in der Wade und das Loch in meinem Hosenbein werden mich noch Jahre an sie erinnern.

Nachsuchensplitter

»Treffpunkt vor der Schranke beim Dorfausgang Richtung B.«, klang es aus dem Telefon, und eine Viertelstunde später machten sich meine Gebirgsschweißhündin Diva und ich in meinem

klapprigen Lada Niva auf den Weg. Am Rand der Landstraße wartete schon der Schütze, der mich eine knappe Stunde vorher angerufen hatte, und berichtete von seinem Unglück. Er hatte am Rande des Moors einen Bock beschossen, und der war, ohne zu zeichnen, im Sumpf verschwunden. Pirschzeichen waren angeblich keine vorhanden. Während der Mann mir den Vorgang schilderte, wann, wo und wie er den Rehbock beschossen hatte, musterte er Diva misstrauisch, die ruhig an den Autoreifen schnüffelte, kurz nässte und sich dann erwartungsvoll neben mich setzte. Ich merkte ihm an, dass er den Erzählungen anderer Jäger über die hervorragenden Leistungen meiner Hündin nicht traute.

Schließlich fuhren wir los. In dem blitzsauberen Geländewagen des Jägers erreichten wir das Moor, und ich wurde auf den Anschuss eingewiesen. Diva verwies sofort Lungenschweiß, als ich sie ansetzte, und ich war sicher, das Reh nach kurzer Totsuche zu finden. So war es auch. Nach knapp hundert Metern Riemenarbeit durch tiefen Morast wurde die Leine schlaff, Diva hatte mich zu dem verendeten Bock geführt. Flink brach ich ihn auf und zog ihn aus dem Sumpfgelände zu dem erwartungsvollen Schützen, der am Rande auf uns gewartet hatte.

Als ich mit Hund und Reh im Schlepptau aus dem schattigen, hohen Bewuchs wieder ins helle Tageslicht kam, war er verständlicherweise hocherfreut. Ausführlich wurde gefachsimpelt, erzählt, Erfahrungen wurden ausgetauscht, bis ich schließlich zum Aufbruch drängte.

»Also, Sie können meinetwegen einsteigen«, wurde ich da belehrt, »aber der schmutzige Hund kann auf keinen Fall mit ins Auto – wenn meine Frau Dreck und auch noch Hundehaare im Wagen findet, bekomme ich Riesenkrach«, fügte der Schütze noch hinzu. Dabei starrte er angeekelt auf Diva. Es war das Ende einer so vielversprechend begonnenen, erfolgreich abgeschlossenen Nachsuche.

Ich wanderte nachdenklich mit Diva die 500 Meter zu meinem Auto zurück und schwor, obwohl ich unerwartet und -gewohnt fürstlich entlohnt worden war, nie wieder meinen Fuß in dieses Revier zu setzen.

Es waren allerdings kaum zwei Wochen vergangen, da wurde ich erneut gebeten, diesmal einen Überläufer nachzusuchen. Lange überlegte ich. Ich hatte mir zwar vorgenommen, das Revier mit meinem Hund nie wieder zu betreten, aber was kann eine angeschossene Kreatur schließlich dafür, warum soll sie leiden, nur weil eine Frau aus der Stadt Angst um ihr luxuriöses Geländeauto hat.

So fuhren Diva und ich abermals zu dem verabredeten Treffpunkt. Nachdem wir an dem Schlagbaum an der Landstraße angekommen waren, ärgerte ich mich aber schon über meinen Entschluss. Als die Hündin nämlich freundlich mit der Rute wedelnd auf den Schützen zuging, würdigte dieser sie keines Blickes, stattdessen fühlte ich förmlich seine Abneigung gegen den Schweißhund.

Diesmal fuhr ich mit meinem Auto bis zum Ort des Geschehens. Wir fanden keinen Schweiß am Anschuss, die Sau lag aber mit Blattschuss nach weniger als 200 Metern Riemenarbeit, und ich war ein wenig mit dem Jäger versöhnt.

Als Dank für meinen Einsatz wurde ich im folgenden Herbst zu einer Drückjagd eingeladen und meinem Entschluss, nie wieder in dieses Revier zu kommen, abermals untreu. Drei Stunden hatten Diva und ich dann ich auf unserem Stand verharrt, ich war nicht zu Schuss gekommen, hatte lediglich weit entfernt einige Schüsse gehört. Die Kälte war in mir von den Zehen bis an die Ohren hoch gekrochen. Demgemäß eingestimmt machte ich mich zur verabredeten Zeit mit dem Hund auf den Rückweg zum Streckenplatz.
Wir waren vielleicht fünf Minuten Richtung Sammelplatz gegangen, da entdeckte ich rund 150 Meter entfernt am Wegesrand etwas »Saugroßes« unter einem Ansitzbock brechen. Gespannt blickte ich durch mein Fernglas und das offenbarte: Es war kein Schwarzwild das da am Fuße der Leiter brach, sondern ich erkannte den Jagdherrn, dem ich die Einladung verdankte. Er krabbelte unter dem Sitz auf dem Erdboden herum, hielt immer wieder an und kroch dann weiter.
Er ist verletzt, raste es mir durch den Sinn, und ich beschleunigte, Schlimmes ahnend, meine Schritte.
»Was um Himmelswillen ist passiert, kann ich helfen?«, rief ich dem am Boden kauernden Mann zu, als ich mich ihm bis auf 30 Meter genähert hatte.
Schwerfällig richtete er sich halb auf und rief mir etwas Unverständliches entgegen. Im Nu war ich bei ihm.
Nun stand er vollends auf und zischte wild gestikulierend mit zusammengezogenen Lippen etwas, was wie »Gefiff« klang. Dabei zeigte er auf den Hochsitz über uns und dann wieder in das dichte Buchenlaub auf dem Boden.
»Gefiff« war das Einzige, was ich aus seinem Gestöhne heraushörte.
Er nuschelte weiter Unverständliches, und dann endlich begriff ich, was er mir erzählen wollte:
Der Mann hatte auf dem Ansitzbock gekauert, und da er noch nicht mit Wild rechnete, hatte er sein Gebiss aus dem Mund genommen, offensichtlich langweilte er sich, drückten die künstlichen Zähne, bedurften einer gründlichen Reinigung, oder aus einem anderen Grund, den er mir nicht verriet.
Auf jeden Fall erschienen in dem Moment ein Rottier und ein Wildkalb.
Hektisch platzierte der Jäger die Prothese vor sich auf die Brüstung, sprang auf, griff zur Waffe, wollte in Anschlag gehen, doch da waren die beiden Stücke schon wieder verschwunden – und das Gebiss ebenfalls. Der Gewehrriemen hatte es, als er aufstand, von der Hochsitzbrüstung gefegt.

Nach Ende des Treibens hatte er es auf allen Vieren verzweifelt zwischen den verdorrten Blättern gesucht, fühlte hier, tastete dort, drehte fast jedes Blatt um, hatte den Boden durchwühlt, als hätte eine Rotte Sauen dort gebrochen, aber das gute Stück kam nicht zum Vorschein.
Ich unterdrückte ein schadenfrohes Lachen, ja sogar ein Lächeln und tröstete ihn: »Wir haben ja Diva, Sie kennen schließlich die Hündin, sie ist auf Nachsuchen spezialisiert«.
»Hat es doch oft genug bewiesen, keine Sorge, beim Schüsseltreiben wird es Ihnen am Gebrech nicht gebrechen!« fügte ich noch hinzu. Diesen verbalen Schlenker wollte ich mir nicht verkneifen.
Ich glaube – er hat es mir nicht übel genommen, hatte gar keine Zeit dazu gehabt, denn in Sekunden verwies Diva etwas in dem braunen Laubteppich, und schon hatte sie die Prothese im Fang. Ich nahm sie ihr ab, und voller Glück nahm mein Jagdfreund sie in Empfang.

»Da haben Sie Ihr Gefiff wieder«, meinte ich scherzhaft.
»Sie wollten sagen: Gebiss«, klang es jetzt bissig zurück. Aber den Unterton verzieh ich ihm und er mir meine freche Bemerkung auch. Schließlich konnte er ja nun wieder beißen.
Er rieb sie mit seinem frisch gestärkten, grünen Taschentuch notdürftig sauber, steckte sie in seinen Mund, beugte sich zu Diva und klopfte ihr etwas zögerlich zwei Mal gönnerhaft auf die Schulter.

Und beim Schüsseltreiben rief er mir fröhlich zu: »Ich kann wieder zubeißen, mein Gebrech funktioniert tadellos!« Dabei schob er sich ein riesiges Stück Fleisch zwischen die Zähne, während Diva Geschmacksfäden zog. Dann schlich sie unter dem Tisch zu mir, und ich belohnte sie mit einem noch größeren Stück Braten.

Von Frischlingen und alten Keilern: Sauensammelsurium

Liebe auf der Drückjagd

Liebe macht blind. Das gilt nicht nur für uns Menschen, sondern auch im Tierreich. Auf der Jagd, besser auf zwei Drückjagden, machte ich diese Erfahrung über eine urmenschliche Eigenschaft, allerdings waren es Keiler, die diese »Schwäche« besaßen.

Es war eisig kalt gewesen, dann folgten herrliche, sonnige Tage, so recht für eine Drückjagd auf Sauen geeignet. Obwohl der Schnee ausgeblieben war, klingelte frühmorgens das Telefon, und freudestrahlend vernahm ich die gute Nachricht: »Sauen fest! Treffpunkt um elf Uhr auf dem Hof.«
Das bereifte Laub knistert und bricht laut unter den Schuhen der sechs Schützen, drei Treiber und der beiden Hundeführer, als wir nach der Begrüßung und kurzen Einweisung durch den Jagdherrn dem Revierteil zustreben, in den laut einem der Männer drei Stunden vorher »ne Menge Schweine reingerannt waren«.
Ich werde auf einem breiten Sandweg an die Ecke einer mehrere Hektar großen Kiefernschonung postiert, meine Standnachbarn knapp 100 Meter weiter, am Rand des angrenzenden Kiefernaltholzes.

Bei der Begrüßung wurde angesagt, dass schon beim Angehen geschossen werden darf, und ein Jäger nutzte anscheinend seine Chance: Es fallen zwei Schüsse.
Durch einen leisen Pfiff und vorsichtiges Winken verständige ich mich mit meinem Nachbarschützen. Anschließend scharre ich den Erdboden um meinen Stand herum mit den Stiefelsohlen von raschelndem Laub und verräterisch knackenden Zweigen frei und mache in alle vier Himmelsrichtungen verschiedene Anschlagübungen, als käme Wild in voller Flucht heran oder zöge vertraut vorüber, forsche nach verborgenen Bodenwellen, hinter denen plötzlich Wild auftauchen könnte, nach Stellen, an denen man sich mit dem Schuss Zeit lassen könnte und auch nach solchen, an denen ich im »Fall des Falles« blitzschnell reagieren muss und warte dann gespannt auf anwechselndes Wild. Da fallen in schneller Folge wieder Schüsse. Aus Richtung der Treiber erklingt aufgeregtes Rufen und steigert sich in hysterisches Geschrei. Dem offenbar heillosen Durcheinander entnehme ich Wortfetzen wie: »Achtung, Schweine nach hinten!«, »Passt uff, Ferkel!« und »Sauen kommen!« Die Spannung steigt, ebbt jedoch allmählich wieder ab, nachdem der Wind von der anderen Seite des großen Dickungskomplexes den Knall mehrerer Schüsse herüberweht.

Eine Viertelstunde mag ich so vor mich hingeträumt haben, da nähert sich Hundelaut, entfernt sich aber wieder. Die Sonne ist inzwischen höher gestiegen, und es ist nicht mehr gar so kalt wie noch zu Anfang des Treibens. Über mir leuchtet der Himmel in wunderschönen blauen Färbungen durch die Zweige und Äste der hohen Bäume. Das

Laub der Eichen und das Gelb der Birken bilden mit den grünen, goldenen und orangenen Farbtönen ungezählter Büsche, Blätter und Gräser, die in der früh winterlichen Sonne strahlen und leuchten, eine wahre Symphonie aus Gottes Malkasten, letzte prangende Pracht vor den eisigen Dezembertagen.

Unsanft werde ich aus meinen nachdenklichen Betrachtungen gerissen. Es bricht vor mir in der Dickung, und ein einzelner Überläufer überfällt hochflüchtig den Weg zwischen meinem Nachbarn und mir. Der Schaft der Büchse fliegt förmlich an meine Backe, und schon krümme ich den Zeigefinger. Im Schuss rolliert der Kujel am Wegrand und verendet im gut einzusehenden Stangenholz fünf Meter von der Stelle entfernt, an der er die Kugel erhielt. Ein vielversprechender Anfang dieses Jagdtages!
Die Treiber haben sich wieder beruhigt, doch nun erschallt aus erregten, lauten Männerkehlen erneut: »N' großer nach rechts!« »Vorsicht Keiler!« »Achtung, ´n ganz Dicker!«

»Swien, Swien«! und Ähnliches entnehme ich dem chaotischen Stimmengewirr, bin vorgewarnt, umfasse den Schaft der Büchse fester, und schon stürmt ein starkes Stück Schwarzwild zwischen meinem Standnachbarn und mir auf dem Wechsel über den Weg, auf dem kurz vorher der Überläufer erschien.

»Sauen sind wegen des ›Lüneburger Modells‹ nur bis zu einem Gewicht von höchstens 60 Kilogramm frei«, hatte der Jagdherr gesagt. Deshalb kann der schwere Keiler unbeschossen von uns seine Schwarte retten. Aber kaum hat er sich knapp 50 Gänge von uns entfernt, verhofft er urplötzlich aus voller Flucht und zieht mit tiefem Wurf zurück und dann zu dem verendeten Überläufer. Mein Nachbar und ich haben ausreichend Zeit, die Sau in aller Ruhe als hauendes Schwein anzusprechen: Zentimeterlang, fast handbreit, ragen die blinkende Zähne aus dem Gebräch und sind mit bloßem Auge zu erkennen. Marlboro-Keiler nennt ein Freund diese Bassen, wenn die Gewehre lang wie Zigaretten aus dem Wurf leuchten. Vor uns steht ein Hauptschwein, wie man es in unseren Breiten wegen seiner Erfahrung, seiner Gewitztheit und heimlichen Lebensweise, wenn überhaupt nur alle Jubeljahre einmal zu Gesicht bekommt.

Der Keiler verhofft seelenruhig zwischen meinem Nachbarschützen und mir, kaum fünfzig Gänge von uns entfernt, neben der erlegten Sau, bewindet sie und umkreist sie dann, ohne sich von dem näher kommenden Treiberlärm beeindrucken zu lassen. Erst als die Männer nach und nach aus der Dickung treten, nur noch knapp fünfzig Meter von dem Urian entfernt sind, trollt er davon.
Beim Aufbrechen stelle ich fest, dass ich eine 48 Kilogramm schwere Überläuferbache erlegt habe. Sie war wahrscheinlich rauschig und hat den alten Keiler alle seine Vorsicht vergessen lassen.
Leider kam auch er in diesem Treiben zur Strecke, erschien dem Unglücksschützen als einzelne Sau und ohne Vergleichsmöglichkeiten verhältnismäßig schwach. (Die Wildwaage zeigte später 87 Kilogramm!)
Die Diskussionen über Keiler und Kirrungen, Sauen und Suhlen, Leitbachen sowie Lebensweise des Schwarzwildes und besonders über das Verhalten der Schwarzkittel in der Rauschzeit nehmen beim Schüsseltreiben kein Ende, und ich bin ausnahmsweise froh, dass ich nicht alleine auf der Jagd gewesen war, gewiss hätte mir ohne Zeugen die Begegnung niemand geglaubt.

Im gleichen Jahr bekam ich die Einladung zu einer »Waldschutzjagd«. Kaum hat mich der Wald in seine Arme genommen, kaum sitze ich an einer Dickung auf einem Drückjagdbock und bin mit meinen Gedanken allein, werden sie jäh unterbrochen. Während auf einem der Nachbarstände drei, vier Schüsse fallen, tönt es hinter mir »öff!, öff! öff!«: Sauen! Es folgt grelles Quieken und scharfes Pusten. Heisere Schreie erklingen, laut und durchdringend. Und noch einmal, rauer, röchelnder, Furcht erregender. Dann herrscht bedrückende Stille. Irgendwo fällt ein weiterer Schuss.
Plötzlich wütendes Grunzen und schrilles Klagen, kein Zweifel, hinter mir kämpfen zwei Keiler, haben unbeeindruckt von Büchsenschüssen und Hundelaut im wahrsten Sinne des Wortes zu den Waffen gegriffen. Meine unter der Leiter abgelegte, schwarzwilderprobte Hündin blickt verunsichert zu mir hoch, ich schaue ebenso zu ihr hinunter und richte die Mündung des Stutzens in die Richtung de »Keilermusik«.

Das beeindruckende Konzert schwillt ab, zeugt dann aber noch kraftvoller von dem Überlebenskampf, den der gewinnen wird, der als Besserer aus dem Duell, das für die Fortpflanzung seiner Art seit ewigen Zeiten von der Natur vorgegeben ist, hervorgehen wird.
Erneutes, markerschütterndes Kreischen nimmt an Lautstärke zu. Es geht über in helles Quietschen, grelles Geschrei, ähnlich wie ich es erinnere, wenn in meiner Jugend vor dem alljährlichen Schlachtfest ein Hausschwein abgestochen wurde. Unüberhörbares Stampfen auf den Erdboden, prasselndes Ästeknacken hallt durch den Bestand. Deutlich vernehme ich Schnaufen und Klappern. Die Rivalen wetzen ihre Gewehre. Tiefes, wütendes Brummen, wieder Wetzen der Gewehre, und dann ist es erneut beängstigend ruhig. Selbst die wenigen Vogelstimmen verschweigen. Der leichte Wind scheint den Atem vor der unheimlichen Musikkulisse angehalten zu haben.
Gebannt starre ich an den Dickungsrand. Da erscheint eine Sau, langsam, müde, schwerfällig – krank! Der Wurf ist voller Schweiß, ich erkenne eine weit auseinanderklaffende Wunde, vom Teller bis fast zum Brustkern reicht sie. Kaum hat das Stück unbeholfen die schützende Deckung verlassen, habe ich es im vierfachen Absehen, ein einfacher Schuss.

Die Gewehre des Bassen, war er der Sieger oder der Verlierer, war er fünf, sechs Jahre alt oder sogar älter, ich habe sie zurückgelassen. Sie hätten mich stets daran erinnert, dass ich auch für den Abschuss eines todkranken Stück Wildes bei »Waldschutzjagden« auf Naturschutzflächen viel Geld hätte zahlen müssen, so behalte ich das Erlebnis in besserer Erinnerung.

Roter Bock und gelbe Sauen

Nachdem mein Wagen über die Reviergrenze gerollt ist, ahne ich im Osten bereits den sich ankündenden Morgen. Es ist kühl, Dunst liegt über den Wiesen, als ich aus dem Auto steige und durch das taunasse Gras den Schäferdamm entlangpirsche. Diva, meiner Gebirgsschweißhündin, macht die Nässe nichts aus. Vergnügt galoppiert sie davon, und ich pfeife sie zurück.

Bis die Sonne ihre wärmenden Strahlen verschickt, wird es mindestens eine Stunde dauern, sinniere ich und überlege, wie ich die Zeit, bis zum Büchsenlicht am besten verbringe.

Endlich beginnt es zu dämmern. Von lautstarkem Vogelkonzert untermalt, zieht ein herrlicher Morgen herauf. Die Natur zeigt sich in ihren schönsten Farben. Zarte Dunstflocken versuchen sich noch zwischen den niedrigen Büschen am Rande des Weges festzukrallen, werden aber von ersten Strahlen der aufgehenden Sonne, die das Feld rechts von mir allmählich in warmes, klares Licht tauchen, gierig aufgesogen.

Als ich nach Spuren und Fährten im feuchten Erdboden forsche, verharrt mein Blick an einem Häufchen Holzspäne unter einer alten, hohen Buche. Als ich an dem Stamm hochschaue, entdecke ich, dass in ungefähr fünf Metern Höhe ein Schwarzspecht seine Höhle gezimmert hat. Sie ist beflogen.

Unter dem Einflugloch schimmert eine blanke Stelle. Die Rinde ist an dieser Stelle glatt und dunkel, weil sich der rotschöpfige »Zimmermann des Waldes« mit seinem breiten Stoß dort abstützt und sie so beim Anflug regelmäßig poliert.

Donnernd rast ein Flugzeug über uns dahin, übertönt alles andere mit seinem Krach, lässt das Konzert der Vögel für kurze Zeit verstummen und nimmt der Schönheit der zarten Stimmen jegliche Chance, gehört zu werden.
Kaum ist der Flieger fort, der Lärm in der Ferne verhallt, steht auf der Grenze zwischen Wald und Feld, zwischen Dämmern und Licht plötzlich ein Rehbock. Der starke Wildkörper noch im Schatten, wird der Kopf bereits vom vollen Licht der Morgensonne beschienen. Ein traumhafter, fast unwirklich erscheinender Anblick.

Der Bock hat ein fast schneeweißes Gesicht. Die dunklen Stangen mit den hell blitzenden Enden wirken unten klobig. Ich erkenne auch starke, weit auseinanderstehende Rosen, denn der Alte ist nur höchstens zwanzig Meter von mir entfernt. Mit bloßen Augen kann ich Einzelheiten des Gehörns ansprechen, ein Bild, wie es der liebe Gott vor Augen gehabt haben mag, als er über seine Schöpfung befand: »Und siehe, es war gut.«
Vorsichtig greife ich nach der über die rechte Schulter gehängten Büchse, halte mit der linken Hand den Zielstock fest und fühle bereits, wie der nach unten ziehende Gewehrriemen seine Spannung verliert. Behutsam hebe ich die Waffe Zentimeter um Zentimeter weiter an, habe den Pistolengriff mit der rechten Hand fest umklammert, während die andere den Stecken hält.

Unerwartet äugt der Bock zu mir her. Um intensiven Augenkontakt zu vermeiden, senke ich meinen Blick, schiele hin und wieder zu meinem wie zu Stein erstarrten Gegenüber, verhalte mich aber ebenso bewegungslos, bis mein Arm zu schmerzen beginnt und im Zeitlupentempo nach unten sinkt.

Doch da wirbelt der Bock herum. Kurz noch sehe ich den auf und ab wippenden Spiegel, dann ist er wie ein Spuk verschwunden, und ich vernehme nur noch das Prasseln des davon-flüchtenden Rehes im trocknen Bodenlaub. Stille, dann hallt der Wald wider vom Schrecken, als wolle der Alte mir seine ganze Verhöhnung und Missachtung mitteilen.

Langsam setze ich meine Morgenpirsch fort.
Es war etwas Besonderes, Schönes, Unvergessliches, wie der Alte da so vor mir stand, halb vom Sonnenlicht des gerade anbrechenden Tages angestrahlt, halb noch von den Schatten der Nacht umhüllt. Das Bild dieser Begegnung prägt sich tief in mein Gedächtnis ein.
In der Stille des Morgens werden plötzlich die Lieder der Vögel von schrillen, zeternd gellenden Warnrufen einer Amsel übertönt. Intensive Fuchswitterung steigt mir in die Nase. Kürzlich muss Reineke in der Nähe gewesen sein, und dann sehe ich ihn am Knick entlangschnüren. Den Kopf hoch erhoben, trägt er etwas im Fang, das ich nicht erkennen kann. Gewiss ist es eine Fähe mit ihrer Beute auf dem Pass zu ihrem Geheck. Vielleicht sehe ich sie ja wieder, wenn ihr Balg reif ist.
Vielleicht hat sie ein Muttertier erbeutet und dessen Nachwuchs wird nun verhungern, aber ein absolutes Gleichgewicht hat es in der Natur nie gegeben und wird es auch nicht geben. Immer ist es ein ständiges Geben und Nehmen, Gebären und Sterben, Leben und Überleben. Ich gönne dem roten Freibeuter jetzt, während der Aufzuchtzeit der Welpen, seinen Fang und lasse ihn unbehelligt ziehen.
Zufrieden beende ich meine stimmungsvolle Morgenpirsch, freue mich darauf, bald wieder mit meinem Hund im Revier sein zu können und hoffe auf eine erneute Begegnung mit dem starken Bock.

Zwei Tage später kauere ich mit Diva dort, wo ich ihn das erste Mal vorhatte und warte auf das erste Büchsenlicht. Bald wird die Sonne am Horizont aufgehen, ihre uralte Bahn ziehen, doch der Alte erscheint nicht. Als es taghell ist, pirsche ich zurück, glaube nicht, dass noch Wild auf den Läufen ist. Die Zeit des Wiederkäuens und des Ruhens ist gekommen.
So schlendere ich unaufmerksam am Feldrand entlang, erfreue mich an den weißen Margeriten und an dem gelb leuchtenden Löwenzahn am Wegesrand sowie an den Lerchen, die himmelwärts steigen und mit ihrem Gesang den Zauber dieser Morgenstunden erhöhen.

Ein Kuckuck streicht über das Feld, fußt auf einen Weidepfahl, ruft und streicht keckernd weiter.

Tief atme ich den betörend süßen Duft ein, den das goldgelb lodernde Rapsfeld ausströmt. Noch bin ich knapp fünfzig Meter von dem Schlag entfernt, da höre ich es rauschen und rascheln. Etwas wuselt aus der Ölsaat heraus. Trotz angestrengten Starrens durch das Fernglas kann ich es nicht ansprechen. Mehrere Herzschläge dauert es, dann kommt im wahrsten Sinne des Wortes die Erleuchtung. Sauen sind es, die am Rand des

Ackers entlangziehen. Dass ich einige Augenblicke benötige, um sie als solche anzusprechen, liegt daran, dass aus den Schwarzkitteln Gelbkittel geworden sind. Quittegelb ist ihre Schwarte. Über und über mit Blütenstaub bedeckt, bummelt die Rotte so unaufmerksam, wie ich es eben auch noch war, auf mich zu. Diva hat sich, ohne dass ich es ihr befohlen habe, auf die Keulen gesetzt und starrt zitternd ebenfalls zu den vier seltsam anmutenden Überläufern.

Die bemerken uns nicht. Obwohl nur zwanzig Gänge entfernt, registrieren sie auch nicht, wie ich meine Büchse von der Schulter nehme und am Zielstock anstreiche. Dann fällt der Schuss, und die kleine Rotte stürmt in den Wald. Nicht weit von der Stelle, an der vor zwei Tagen der starke Bock absprang, höre ich sie fortbrechen.

Ich bin mir meines Schusses sicher, warte aber trotzdem eine Viertelstunde, dann gehen Diva und ich zum Anschuss.

Hellen Schweiß verweist die Hündin, liegt dann stramm im Riemen, und nach knapp fünfzig Metern Arbeit stehen wir vor einem Stück Wild, wie wir, meine Hündin und ich es nie vorher erlegt haben, vor einer ganz ungewöhnlich gefärbten Sau.

Schnell ist sie aufgebrochen, und wir setzen uns neben unsere Beute.

Ein Kohlweißling schwebt vorüber, gaukelt über den leuchtend gelben Überläufer und setzt sich ebenfalls auf das braune Laub. Kontrastreich hebt sich der strahlende Falter vom sterbenden Braun der Blätter auf dem Waldboden ab.

Während der Rapsblüte und auch danach bis zur Ernte habe ich mit Diva unzählige Male in der Nähe des großen Schlages an der Abteilung 30 verbracht. Meine »Goldsauen« hatten die Störung allerdings übelgenommen, sich auf Nimmerwiedersehen verabschiedet, und auch den alten Bock habe ich nie wieder gesehen.

WEITERE INTERESSANTE BÜCHER ZUM THEMA

In diesem Buch werden Praktiken, Sitten und Gebräuche, die sich im Verlauf der Jahrzehnte gewandelt haben, einander gegenübergestellt. Dabei sollen v. a. Begriffe, Sitten und Gebräuche, die untrennbar zur Jagd und zum jagdlichen Brauchtum gehörten, in die Erinnerung zurückgerufen werden.

144 Seiten, 144 Bilder, 170 x 240 mm
€ 19,95 / € (A) 20,60 / ISBN 978-3-275-02177-2

Jagen ist für Gert G. von Harling mehr als Trophäen-Sammeln in heimischen Gefilden, mehr als der Sundowner on the Rocks vor dem Safarizelt im afrikanischen Busch. Der Autor hat in mehr als sechs Jahrzehnten, in denen er seiner Jagdleidenschaft nachging, dies alles erlebt. Es beschreibt spannend und ehrlich, was Jagen ausmacht.

160 Seiten, 80 Bilder, 140 x 205 mm
€ 19,95 / € (A) 20,60 / ISBN 978-3-275-02233-5

Die kurzweilig erzählten Geschichten über 35 Jahre Jagdreisen quer durch Europas Reviere berichten über spannende Jagderlebnisse in atemberaubenden Landschaften, an geschichtsträchtigen Orten, mit guten Freunden, bisweilen aber auch dubiosen Gestalten.

224 Seiten, 120 Bilder, 170 x 240 mm
€ 24,90 / € (A) 25,60 / ISBN 978-3-275-02265-6

Bekannte Autorinnen und Autoren befassen sich mit allen zentralen Aspekten einer zeitgemäßen Jagd. Sie zeigen Entwicklungslinien, beschreiben und analysieren die gegenwärtige Situation, zeichnen Diskussionen und Kontroversen nach, vertreten klare Standpunkte und eröffnen neue Perspektiven. Und nicht zuletzt machen sie Lust auf Jagd.

208 Seiten, 120 Bilder, 170 x 240 mm
€ 34,90 / € (A) 35,90 / ISBN 978-3-275-02248-9

Leseproben zu allen Titeln auf unserer Internetseite

Müller Rüschlikon

Änderungen in Preis und Lieferfähigkeit vorbehalten.

Überall, wo es Bücher gibt, oder unter
WWW.MOTORBUCH-VERSAND.DE
Service-Hotline: 0711 / 78 99 21 51

www.facebook.com/pietsch Outdoor & Adventure